Guía para el docente y solucionarios

Operaciones auxiliares de fabricación mecánica

ic editorial

Editado por: IC Editorial
c/ Cueva de Viera, 2, Local 3
Centro Negocios CADI
29200 Antequera (Málaga)
Teléfono: 952 70 60 04
Fax: 952 84 55 03
Correo electrónico: iceditorial@iceditorial.com
Internet: www.iceditorial.com

Guía para el docente y solucionarios:
Operaciones auxiliares de fabricación mecánica

1ª Edición

ISBN: 979-13-7027-155-8
Depósito Legal: MA 304-2026

Impresión: PODiPrint
Impreso en Andalucía - España

Índice

Guía para el docente: técnicas de enseñanza y aprendizaje

Contenido

1. Introducción

El presente capítulo está destinado a ofrecer al cuerpo docente responsable de la enseñanza del programa de cualificaciones profesionales y certificados de profesionalidad, una guía metodológica para obtener el máximo rendimiento de los contenidos formativos que han sido desarrollados para el presente título.

La mejora de las habilidades comunicativas y la aplicación de una metodología contrastada de enseñanza, aprendizaje y evaluación permitirá transmitir el conocimiento y adquirir el programa formativo de la forma más efectiva y práctica posible.

Estudiaremos cuáles son los principales elementos que forman parte de la comunicación profesor-alumno, a través de una cuidada selección de sistemas de planificación de estrategias didácticas, así como la utilización de medios y recursos didácticos.

La integración de todas las actividades planificadas alrededor de un plan de formación adaptado e individualizado, aumentará además la satisfacción del alumnado por la utilización de un sistema no lineal e interactivo que se retroalimenta gracias a la relación establecida entre la propia metodología y los actores que forman parte de la enseñanza.

2. El programa de formación

Una de las claves del éxito de la mayoría de las actividades que se realizan en general, y concretamente en la formación, es la **programación.** Es necesaria la programación de las acciones formativas, para que así se pueda alcanzar el objetivo final, es decir, que el alumno obtenga una buena capacitación y adquiera nuevos conocimientos en su repertorio y que, después, sea capaz de emplearlos en su trabajo.

2.1. Definición de programación

Cuando se habla de **programación,** se pueden encontrar multitud de definiciones. Para sintetizar, se podría definir como la actividad de enunciar lo que se quiere hacer (objetivos, contenidos, métodos, temporalización, medios y recursos didácticos y evaluación).

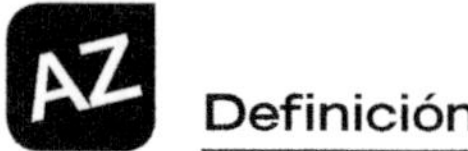 Definición

Programación
Es un plan donde se establecen las acciones que se van a realizar en un proceso de enseñanza-aprendizaje, por medio de un formador o un equipo.

A continuación, se va a describir una serie de características que tiene que tener una programación didáctica:

- Dinámica. Una programación no es estática ni está acabada, siempre está en constante revisión, de ahí su dinamismo. Además va cambiando o evolucionando según los resultados de la evaluación continua que se va realizando durante la ejecución de la acción.
- Flexible. Esta característica permite que se puedan hacer cambios, ampliaciones, reducciones y actualizaciones de los contenidos y actividades programadas, según las necesidades que se observen.
- Creativa. La programación como es un diseño propio y exclusivo, exige creatividad y originalidad. El docente es el que decide sobre el quehacer en el aula teniendo en cuenta las características del grupo, las necesidades que se pretenden satisfacer y las propias posibilidades.
- Prospectiva. La programación consiste en hacer un pronóstico de la interacción que se va a producir en el aula.

- Sistemática. La programación es un proceso sistematizador que da coherencia a la acción formativa, ya que tiene en cuenta todos los elementos (objetivos, contenidos, métodos, temporalización, medios y recursos pedagógicos y evaluación) que intervienen en el acto educativo y analiza sus relaciones.
- Integradora. Permite integrar elementos de cualificación técnico-profesionales con elementos de cualificación personal de alumnado.
- Funcional. Toda programación debe basarse en el perfil profesional de la ocupación y estructurar los contenidos formativos que proporcionan las competencias de ésta.

2.2. Elementos de la programación

Antes de empezar cualquier programación formativa, es necesario tener en cuenta los datos obtenidos del análisis de la ocupación y del grupo al que se dirige la acción formativa. A partir de esta información, se determinan los elementos que van a conformar la programación.

Cuando se realiza la programación de un curso, hay que plantearse previamente las siguientes preguntas:

1. ¿Qué quiero conseguir con la formación?	**OBJETIVOS**
2. ¿Qué conocimientos deben asimilar los alumnos para alcanzar los objetivos propuestos?	**CONTENIDOS DEL CURSO**
3. ¿Cómo trabajamos en el aula? ¿Qué actividades son las que realizamos?	**MÉTODOS DE ENSEÑANZA**
4. ¿Cuánto tiempo tengo y cuánto dedico a cada módulo?	**TEMPORALIZACIÓN**
5. ¿Qué medios y recursos didácticos se necesitan para poder llevar a cabo esas actividades?	**MEDIOS Y RECURSOS DIDÁCTICOS**
6. ¿Cómo sabemos que se ha producido el aprendizaje?	**EVALUACIÓN**

3. Factores determinantes de la efectividad de la comunicación en el proceso de enseñanza-aprendizaje

En toda comunicación que se produzca en el proceso de enseñanza-aprendizaje, existen factores determinantes que obstaculizan o refuerzan este proceso.

3.1. Obstáculos de la comunicación

Relacionados con el emisor

- No expresar de forma clara qué mensaje se quiere transmitir.
- Comentar algo a lo largo de la explicación que no sea lo correcto y pueda resultar desagradable.
- Cambiar el tema de conversación.
- Desviarse del tema que se está tratando.
- No mirar al receptor cuando se quiere expresar algo.
- No estar atento a las señales que emite el receptor.
- Expresar alguna idea a través de los gestos que no se corresponda con la idea a comunicar.

Relacionados con el receptor

- No comprender las ideas que quiere expresar el emisor.
- No pedir explicación al emisor de aquella información que no le haya quedado clara.
- Interrumpir al emisor cuando está hablando.
- Captar algo diferente a lo que el emisor desea transmitir.

Relacionados con el mensaje

- Mensaje confuso.
- Mensaje muy corto.
- Mensaje muy extenso.
- Abuso de muletillas.
- Utilización de frases sin terminar.
- Dar "rodeos" para decir la idea principal.

Relacionados con el contexto

- No ser el momento adecuado para transmitir algo.
- No saber escoger el lugar oportuno.
- La presencia de ruidos y de interferencias.
- No pensar en las personas que están cerca.

Relacionados con el código

- No utilizar el mismo código que la persona con la que se habla o a la que se escucha.
- No adaptar el vocabulario a la situación o a la persona con la que se conversa.
- Utilizar el doble sentido.

3.2. Sugerencias para el mejor funcionamiento de la comunicación

Emisor

- Acostumbrarse a planificar la comunicación.
- Concretar visiblemente los objetivos.
- Buscar la retroalimentación en la comunicación.
- No tratar de impresionar al receptor.

Mensaje

- Que sea claramente entendido por el receptor.
- Que la terminología usada sea de referencia común.
- Que reclame la atención y el interés del alumnado.
- Que sea sencillo de interpretar.
- Que su contenido sea adecuado y convincente.
- Que produzca el máximo efecto posible.

Canal

- Que sea el más apropiado al grupo al que se dirige, al contenido del mensaje y al objetivo que persigue el formador.
- Que sea el que cause mayor impacto en el receptor.
- Que sea el más eficaz.
- Que sea el que mejor domine el formador.

4. La comunicación verbal y no verbal en el proceso instructivo

Los medios de comunicación pueden agruparse en dos grandes bloques: los **medios verbales,** que son aquellos que usan la lengua como código compartido; y los **medios no verbales,** que son los que se fundamentan en otros códigos simbólicos. A su vez, dentro de los medios verbales, están el medio escrito y el medio oral.

Cada uno de estos medios tiene sus ventajas y sus inconvenientes, por lo que la selección del medio deberá tener en cuenta las circunstancias y características que en cada caso presenta el comunicador, la audiencia y el mensaje que se ha de transmitir.

4.1. Los medios verbales

La comunicación verbal

La comunicación verbal se utiliza para comunicar ideas o dar información, opiniones, expresar o describir sentimientos, etc. Sirve de vehículo a los contenidos explícitos del mensaje. Para garantizar la efectividad de la comunicación, es necesario que el mensaje se presente de forma descriptiva y operativa, pero siempre teniendo muy en cuenta el código común del grupo al que va dirigida esta comunicación.

Un uso correcto del lenguaje oral ayuda a acercarse más a los alumnos. Los principales aspectos a considerar son los que aparecen a continuación.

Construcciones gramaticales

El objetivo será transmitir el mensaje de la manera más clara posible. Se deben evitar los giros rebuscados, la sintaxis complicada y las metáforas. En las explicaciones y conversaciones debe primar el contenido sobre la forma.

Vocabulario

Es importante saber qué palabras van a expresar mejor los conceptos que se desean transmitir y las que pueden ser comprendidas mejor por los alumnos. El análisis previo de los alumnos ayuda a saber qué términos técnicos se pueden utilizar sin problemas, cuáles se tienen que explicar y cuáles se deben evitar.

En general, siempre hay que mantenerse dentro de un lenguaje formal, evitando los vocablos demasiado coloquiales, las palabras extranjeras, las referencias académicas y expresiones de carácter religioso, político, deportivo o cultural, que pueden resultar agresivas para los alumnos.

Ejemplos

Los conceptos abstractos que pueden aparecer y que dificultan la adquisición de los contenidos, tienen que ser expresados mediante las explicaciones del formador, siempre apoyándose en la visualización.

La comunicación escrita

La comunicación escrita posee un carácter más veraz que la oral. La interacción que tiene lugar entre el emisor y el receptor no es inmediata, en algunas ocasiones no llega a producirse jamás. Este tipo de comunicación ofrece más oportunidades expresivas y mayor complejidad gramatical, sintáctica y léxica. También hay que tener en cuenta que a veces dificulta la expresión y/o puede no proporcionar *feedback* de manera inmediata.

4.2. Los medios no verbales

Al igual que las palabras, los elementos de la comunicación no verbal son signos que representan una idea (se excluyen todos los signos lingüísticos).

A diferencia de la comunicación verbal, su función no se centra sólo en la transmisión de contenido, sino que traspasa esa frontera para expresar también las emociones del emisor, controlar la interacción y proporcionar *feedback* del efecto que el mensaje produce en el receptor. Todas estas funciones son muy útiles para el formador, tanto en su tarea de transmisor de conocimientos como en la tarea de motivar y dirigir al grupo.

A continuación, se detallan las diferentes categorías en las que se agrupan los elementos de la comunicación no verbal.

Kinesia

Posturas

Una de las primeras cosas que el formador debe transmitir a sus alumnos es confianza y seguridad, lo que puede conseguirse a través de una postura erguida (sin llegar a ser arrogante), de pie, apoyándose sobre los dos pies y manteniendo la cabeza alta.

Esta postura es útil, especialmente durante la presentación del curso, porque ayuda a relajar el cuerpo, a facilitar la respiración y a controlar las muestras de nerviosismo, al tener un buen apoyo en el suelo.

A medida que avanza el curso, se pueden adoptar otras posturas que faciliten el descanso (apoyarse), el acercamiento (echar el cuerpo hacia delante) o que resten protagonismo (sentarse).

Gestos

Los gestos son un buen aliado del formador, excepto cuando éste se siente incómodo o nervioso. Gestos de carácter adaptador, como rascarse o colocarse la ropa, pueden delatar su estado emocional.

La mayoría de los gestos cumplen la función de reforzar el mensaje verbal (ilustradores), aunque existen otros cuya función es regular las intervenciones cuando se dirige una discusión de grupo.

Expresiones faciales

Las expresiones de la cara transmiten las emociones y permiten obtener fácilmente una respuesta del alumno.

Una expresión facial agradable, como una sonrisa no forzada, facilita la creación de un ambiente relajado en el aula. Una sonrisa puede ser muy útil también para romper la tensión que inevitablemente surge en algunas sesiones.

Mirada

La mirada, junto con la postura, es uno de los mejores métodos para transmitir confianza (en momentos de nerviosismo se tiende a apartar la vista) y para captar la atención de los alumnos.

Mientras el formador habla debe mantener la mirada sobre los alumnos la mayor parte del tiempo, mirándolos el tiempo suficiente como para que se sientan atendidos pero no incómodos. También se puede utilizar la mirada durante las discusiones de grupo, con una función reguladora de las distintas intervenciones.

Desplazamientos

Realizar desplazamientos en el aula capta la atención del alumnado, además de facilitar el contacto visual. Hay que procurar que no sean repetitivos o bruscos (pasear cerca de los alumnos), y cambiar de un recurso a otro (ir de la pizarra al retroproyector), etc.

Recuerde

Los recursos no verbales que estudia la Kinesia son:

- Posturas.
- Gestos.
- Expresiones faciales.
- Mirada.
- Desplazamientos.

Estos recursos pueden utilizarse tanto para reforzar lo que se expresa mediante la comunicación verbal como para sustituirlo.

Proxémica

El aspecto de la proxémica que más interesa es la proximidad física entre los individuos, ya que los alumnos pueden sentirse violentos si el formador se aproxima excesivamente a ellos o, por el contrario, verle distante si no se acerca.

Se debe prestar atención a este aspecto, tanto durante las intervenciones como al distribuir el espacio del aula que se va a emplear, evitando siempre que los asientos estén demasiado juntos o demasiado separados.

Paralingüística

Para captar la atención del público, los oradores suelen hacer uso de determinados aspectos como el tono de voz o las pausas, que en algunos casos pueden parecer exagerados.

El formador, aunque emplee el método de la lección magistral, no es un orador y, por tanto, no debe prestar especial atención a estos aspectos, excepto cuando le plantean algún problema, debido a la ansiedad, al cansancio o a un mal estado de salud. Practicar en voz alta y realizar grabaciones durante la fase de preparación puede ayudar a vencer estas dificultades.

Volumen

Aunque el aula sea pequeña, se tiene que realizar el esfuerzo de hablar lo suficientemente alto para que todos los alumnos oigan las explicaciones y, a la vez, transmitir confianza. En general, el volumen se ajustará instintivamente cuando se compruebe dónde se sitúa la persona que se encuentra más alejada.

Entonación

El problema más frecuente, especialmente si se está cansado, es la monotonía, que no contribuye a captar la atención ni a motivar a los alumnos.

El interés que el formador muestre por el tema y una correcta preparación le hará destacar los puntos clave y jugar con la entonación de una forma adecuada a lo largo de toda la exposición.

Pronunciación

Los problemas se presentan especialmente cuando se está nervioso o se habla demasiado rápido. Se debe hacer un esfuerzo por articular todas las palabras de manera limpia y clara, abriendo la boca lo suficiente para pronunciar correctamente las sílabas, consonantes y vocales.

Velocidad

Una velocidad correcta puede ayudar a resolver problemas de pronunciación y de entonación. Se debe hablar a una velocidad normal o algo superior, para facilitar el mantenimiento de la atención. No obstante, si se está nervioso, se puede hablar con mayor lentitud para facilitar la respiración y relajarse. También se debe reducir la velocidad cuando se expliquen conceptos técnicos complejos o cuando se espere alguna respuesta por parte de los alumnos.

Recuerde

Los elementos que trata la Paralingüística son:

I El volumen.
I La entonación.
I La pronunciación.
I La velocidad.

Proyección física

Existen determinados factores que, sin que la persona diga ni haga nada, transmiten información y hacen referencia a la imagen física que esta persona proyecta.

Es fundamental que el formador transmita una imagen positiva para los alumnos. Se debe cuidar el aspecto externo y los artefactos que se usen, como los adornos y prendas de vestir. La manera adecuada de vestir depende de la situación y siempre debe estar en consonancia con lo que cada colectivo de alumnos espera del formador.

Ejemplo

Sería negativo vestir pieles para impartir un curso cuyo objetivo fuese desarrollar actitudes positivas hacia la protección del medio ambiente.

En cualquier caso, se debe llevar ropa que resulte cómoda, bien cuidada y no demasiado llamativa. A los adornos y al peinado se aplican las mismas reglas que al vestido.

Importante

Un objetivo fundamental del formador es dirigir la atención de los alumnos hacia el contenido que está desarrollando, nunca hacia su persona.

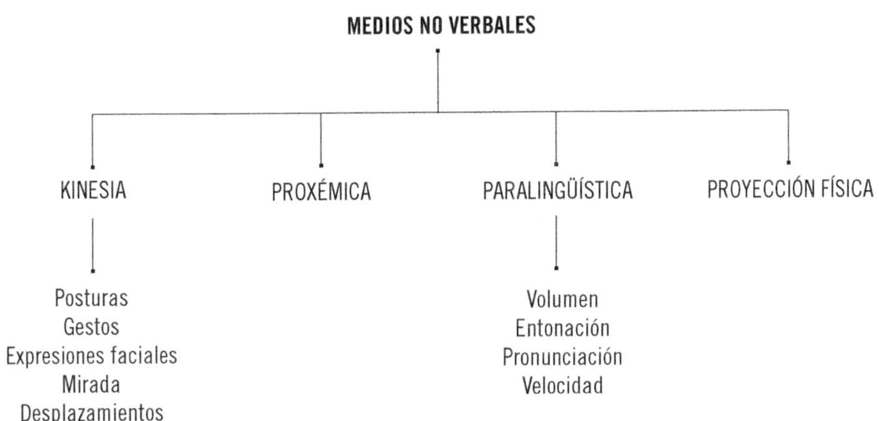

Finalmente, conviene recordar que si el formador observa atentamente la comunicación no verbal que expresan los alumnos, obtendrá una gran cantidad de información.

Hay numerosos signos no verbales que puede mostrar el alumno:

- **Atención:** posturas del cuerpo (inclinado hacia delante, hacia atrás...).
- **Necesidad de hablar:** movimientos sutiles de la boca, de la mano, etc.
- **Irritación:** movimiento de pies, manipulación de objetos sobre la mesa, etc.

- **Concentración:** tomar apuntes, mirar al docente, etc.
- **Cansancio:** cuerpo hundido, suspiros, etc.
- **Inercia:** silencios de todo el grupo, etc.
- **Desinterés:** cerrar el cuaderno, bostezar, mirar al vacío, etc.
- **Sorpresa:** levantar los brazos, abrir la boca, levantar las cejas, abrir los ojos, etc.

Si se observan estos elementos de forma atenta, se podrá obtener información sobre la comprensión del mensaje y el estado emocional de los alumnos, lo que será de gran utilidad para el formador durante el curso.

La comunicación no verbal aporta información al formador sobre los alumnos

5. Técnicas de secuenciación de contenidos

Una vez seleccionados los contenidos, hay que ordenarlos secuencialmente. La **secuenciación y estructuración de los contenidos** es el proceso que permite situarlos en una configuración que produce el máximo aprendizaje en el mínimo tiempo posible.

Algunas de las técnicas para la secuenciación de contenidos son las siguientes:

- Que los contenidos estén de acuerdo con los objetivos propuestos y con los plazos previstos para conseguirlos.

- Empezar por los contenidos más próximos y significativos para el alumno, para llegar poco a poco a lo desconocido. De esta manera, resultará más fácil introducir los nuevos contenidos.
- Ir de lo inmediato a lo remoto.
- Ir de lo concreto a lo abstracto.
- Ir de lo más fácil a lo más difícil. Esto motiva al alumnado porque le va mostrando los avances de manera rápida.

Las principales ventajas que este proceso conlleva son:

- Ayuda al participante a pasar de un conocimiento o habilidad a otro.
- Garantiza que los conocimientos y habilidades previas son alcanzados antes de introducir elementos nuevos.
- Reduce el tiempo de formación.
- Evita la confusión y los fallos en el participante.

Estos puntos son los principales aspectos a tener en cuenta cuando se realiza la presente fase de la programación de la formación, es decir, cuando se fijan los contenidos de la formación.

6. La selección y planificación de estrategias didácticas

Las personas que realizan un curso de formación son diversas, por ello es muy importante que las estrategias didácticas se adapten, de la mejor forma posible, al contexto y permitan una flexibilidad.

Definición

Estrategias didácticas
Son procedimientos que el formador emplea para facilitar el aprendizaje, con la intención de que éste sea significativo.

Tras la selección y estructuración de contenidos, llega el momento de decidir la modalidad de formación a seguir y la metodología a utilizar en su impartición. Pero esta decisión no se puede tomar arbitrariamente, sino que ha de basarse en unos criterios. Los criterios de decisión básicos para determinar qué estrategia y qué método de formación es el adecuado, son:

- La compatibilidad con los objetivos.
- Los principios generales del aprendizaje del adulto: individualización, motivación, utilidad, practicidad, intereses, etc.
- Los principios de rigor, realismo y participación.
- El carácter eminentemente aplicativo de los aprendizajes.
- La posibilidad de transferir los aprendizajes al puesto de trabajo.
- Los recursos disponibles, incluido el tiempo.
- Los factores relacionados con los participantes, como el estilo de aprendizaje, la edad, el tamaño del grupo, la motivación, etc.

Una vez escogido el método, se observa que ninguno es químicamente puro, sino que unos participan de otros. Por lo demás, todo método puede ser adecuado o inadecuado dependiendo del modo en que sea empleado.

Los formadores deben utilizar los métodos flexiblemente, de la forma que mejor se adapten al estilo de formación, a la materia y a los alumnos, complementando cada método con la técnica y recurso didáctico más acorde.

7. La selección y planificación de medios y recursos didácticos

Para realizar cualquier acción formativa, hace falta algo más que elegir y aplicar unos métodos y unas técnicas. Son necesarios los medios y recursos didácticos, que van a ayudar a desarrollar la metodología seleccionada en el aula. Los medios y recursos didácticos permiten el trasvase de información formador-alumno.

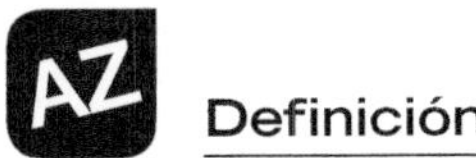 **Definición**

Medios didácticos
Son materiales elaborados para facilitar los procesos de enseñanza-aprendizaje.

Recursos didácticos
Son soportes mediante los cuales se presentan los contenidos del curso a los alumnos.

A la hora de escoger el medio o recurso a utilizar, se deben tener en cuenta los siguientes criterios:

- **Características de la materia o tema.** Dependiendo de la naturaleza de los contenidos, éstos pueden ser transmitidos por unos u otros métodos.
- **Los objetivos del curso.** Toda selección de medios y estrategias de enseñanza deben realizarse en función de éstos.
- **La disposición del aula y el número de alumnos.** Hay que tener cuidado, sobre todo en la visibilidad de alguno de los recursos, porque pueden perder eficacia.
- **Tiempo disponible para la formación.** Este elemento tiene que estar siempre presente, porque, en función del tiempo que se tenga, se elegirá lo que se adapte mejor a las necesidades.
- **Recursos disponibles,** ya que en algunas ocasiones están a nuestro alcance.
- **El uso que se haga de ellos,** cuál es la finalidad, qué es lo que se pretende y en qué momento se van a utilizar.
- **El nivel de conocimiento de los alumnos** sobre el tema.

Todos estos puntos se han de tener en cuenta a la hora de escoger un medio o recurso didáctico. La finalidad de éstos no es otra que la de fundamentar, apoyar y reforzar el acto formativo.

8. La planificación de la evaluación del proceso de enseñanza-aprendizaje

La aplicación de programas de formación lleva a la obtención de unos determinados resultados. Éstos serán los frutos de la formación y mostrarán el grado de eficacia y eficiencia con que se lleva a cabo la función formativa.

Los resultados indican el éxito de la formación mediante su contraste con los objetivos fijados anteriormente. Este procedimiento recibe el nombre de **evaluación,** proceso ampliamente conocido y con trascendencia reconocida para la formación. Según el proceso de evaluación aplicado, los resultados obtenidos serán reales y fiables, o bien, falseados.

Para que los resultados de la evaluación muestren con certeza el grado de éxito alcanzado con la formación, es necesario un requisito previo: el establecimiento de criterios de evaluación durante el proceso de planificación de la formación. Los criterios actúan como puntos de referencia, a partir de los cuales se valoran los resultados obtenidos.

Los criterios de evaluación han de fijarse con mucha atención, ya que determinan el proceso de evaluación, y éste juzga el grado de éxito de la función formativa.

El primer aspecto a tener en cuenta es la validez: los criterios de evaluación han de ser válidos en relación a los elementos del proceso formativo.

Los aspectos que determinan el grado de validez de los criterios de evaluación son:

- La relevancia.
- La no deficiencia.
- La no contaminación.
- Su fiabilidad.

El establecimiento de criterios válidos y fiables permitirá elaborar un proceso de evaluación de la formación que mida rigurosamente la eficacia y la eficiencia de la función formativa.

9. El seguimiento formativo

El seguimiento es un proceso continuo que sirve para evaluar la eficacia del uso de los recursos y para saber qué iniciativas se pueden emprender para mejorar el aprovechamiento de los recursos formativos.

El seguimiento, además de realizarse después de haber finalizado la planificación formativa, también se realiza antes de la acción.

9.1. Características

El seguimiento formativo permite evaluar los distintos componentes (desde los alumnos hasta todos los elementos que forman la programación) que intervienen en él durante todo el proceso de formación.

El seguimiento formativo se diferencia de la evaluación en que éste tiene que ver más con tareas organizativas, de coordinación, administrativas, etc.; sin embargo, la evaluación valora aspectos de los procesos de formación, como pueden ser la comunicación, el aprendizaje de los nuevos conocimientos, etc.

Con la realización adecuada de un seguimiento formativo:

- Se pueden **descubrir errores o desajustes** en el proceso de enseñanza-aprendizaje antes de que se realice la evaluación final para comprobarlos.
- Se pueden **corregir los errores** en el momento en el que se están produciendo.
- Además, **se detectan los aspectos positivos** que tienen lugar a lo largo de todo el proceso y las **posibles mejoras** que se pueden realizar.

El seguimiento formativo tiene que ser realizado por todas las personas que están implicadas en la realización de los cursos de formación (tutores, coordinadores, técnicos, etc.), por ello, el formador es una figura importante en el proceso de formación, ya que se encuentra implicado en él.

El proceso de formación debe estar planificado, pensado y planteado antes de que empiece la acción de formación, nunca debe llevarse a cabo de manera cerrada, sino que tiene que estar abierto a cualquier cambio que se considere necesario.

9.2. Finalidad

Son varias las finalidades que persigue el seguimiento formativo:

- Ayudar a comprender por qué ocurren algunas cosas y qué se puede hacer para intervenir en ese proceso que se está llevando a cabo.
- Identificar y solucionar los problemas que surgen a lo largo del proceso.
- Contribuir para elaborar planes de formación de manera objetiva, sin desviarse de la finalidad éste.
- Colaborar en la disminución y control del uso de los recursos materiales.
- Determinar el nivel que puede alcanzar el rendimiento y relacionarlo con el rendimiento actual.
- Diagnosticar y detectar problemas para llevar a cabo las acciones correctivas pertinentes.

9.3. Planificación

El seguimiento formativo debe planificarse antes y durante la acción formativa.

El objetivo de este seguimiento es comprobar la eficacia de la acción formativa antes de que ésta llegue a su fin, es decir, es necesario que durante este proceso todos los elementos que van a formar parte del aprendizaje estén planificados.

Los dos momentos que hay que tener en cuenta para planificar el seguimiento formativo son:

- **Antes de la acción formativa:** es necesario conocer las necesidades, el perfil del alumno, qué materiales, instrumentos, recursos, medios didácticos se van a usar.

■ **Durante la acción formativa:** aquí el seguimiento se utiliza para comprobar los posibles errores y mejoras que se pueden llevar a cabo. Ofrece la posibilidad de poder modificar aquellas acciones o medios que dificultan el avance del aprendizaje.

10. Instrumentos para el seguimiento

A lo largo de un ciclo formativo pueden suceder errores y surgir problemas, esto abarca desde la identificación de necesidades hasta la planificación, el diseño, la implantación y la evaluación. Por todo esto, es importante saber cuál es la causa del problema y saber tomar las medidas oportunas para que no se origine nuevamente.

Para detectar el origen del problema, siempre se necesita una información determinada, ésta sólo se puede obtener mediante técnicas que ayuden a obtenerlas, es decir, que permitan recabar y analizar los datos obtenidos.

Para el seguimiento del proceso de enseñanza-aprendizaje, se pueden confeccionar diferentes tipos de instrumentos de evaluación, como pueden ser los cuestionarios y utilizar la observación directa, etc., si el tipo de formación lo permite (presencial o semipresencial). Estos instrumentos variarán según el tipo de datos que se quiera conseguir.

Un ejemplo de plantilla para recoger y analizar la información podría ser esta:

CURSO:		1º Módulo	2º Módulo	3ºMódulo
	Suficiente			
Objetivos del módulo	Insuficiente			
	Adecuado			
	Inadecuado			

Continúa en página siguiente >>

<< Viene de página anterior

CURSO:		1º Módulo	2º Módulo	3ºMódulo
Contenidos del módulo	Suficiente			
	Insuficiente			
	Adecuado			
	Inadecuado			
Metodología	Suficiente			
	Insuficiente			
	Adecuado			
	Inadecuado			
Actividades y recursos	Suficiente			
	Insuficiente			
	Adecuado			
	Inadecuado			
Recursos materiales	Suficiente			
	Insuficiente			
	Adecuado			
	Inadecuado			
Recursos humanos	Suficiente			
	Insuficiente			
	Adecuado			
	Inadecuado			
Proceso de evaluación	Suficiente			
	Insuficiente			
	Adecuado			
	Inadecuado			
Nivel de satisfacción del alumnado	Suficiente			
	Insuficiente			
	Adecuado			
	Inadecuado			

Para el seguimiento del aprendizaje, como la información que se obtiene es de diferente índole, se recogerá mediante la aplicación de las técnicas seleccionadas y elaboradas para la evaluación de cada uno de los aspectos planteados (observación directa de los trabajos, participación, cuestionarios acerca de la motivación y satisfacción del alumnado, etc.).

Por ejemplo, los contenidos que se podrían incluir en la "parrilla" de análisis son los siguientes:

CURSO		1er Módulo	2º Módulo	3er Módulo
Conceptos (comprende los contenidos conceptuales)	Con facilidad			
	Con normalidad			
	Con dificultad			
Procedimientos (aplica y desarrolla los contenidos procedimentales)	Con facilidad			
	Con normalidad			
	Con dificultad			
Actitudes (manifiesta las actitudes adecuadas a los contenidos)	Con facilidad			
	Con normalidad			
	Con dificultad			
Motivación y participación	Con facilidad			
	Con normalidad			
	Con dificultad			
Satisfacción del alumno	Con facilidad			
	Con normalidad			
	Con dificultad			

Dos de las herramientas básicas son:

- **Los diagramas de flujo:** éstos sirven para desglosar en forma de componentes, para presentar una clara imagen de lo que ocurre.
- **Los checklists:** éstos son especialmente útiles para garantizar que se han realizado todas las acciones necesarias. Es otro método de ayuda orientado a los formadores y participantes para preparar, utilizar y solucionar los problemas del equipamiento.

Otros métodos de seguimiento y control que pueden ayudar en la formación son:

- Las reuniones formales e informales.
- Pasar un informe de las sesiones, cuestionarios de satisfacción o formularios de evaluación del curso.
- Entrevistas de evaluación.

 **Recuerde**

Algunos de los instrumentos de seguimiento más utilizados son:

- Cuestionario de satisfacción
- Cuestionario de motivación
- Observación directa
- Reuniones formales e informales
- Entrevistas de evaluación

11. Metodología de la evaluación del diseño de formación

Los métodos empleados en la evaluación siempre suelen son los mismos, independientemente de que se evalúen los objetivos, los contenidos, los recursos, etc. A pesar de esto, hay que tener en cuenta que no se deben utilizar todos los métodos que se van a nombrar, sino que todo dependerá de lo que se esté evaluando.

Los métodos más frecuentes son:

- Observación sistemática.
- Observación mediante observadores externos o internos del grupo.
- Análisis de trabajo.
- Entrevistas personales.
- Situaciones de simulaciones.

- Diálogos, debates.
- Cuestionarios específicos.
- Inventarios.
- Grabaciones en vídeo.
- Etc.

11.1. Evaluación de los objetivos

Cuando se diseña el programa formativo, se deben concretar los objetivos que serán objeto de evaluación al finalizar el curso, para comprobar si éstos se han alcanzado o no.

Los objetivos marcan aquellos aspectos claves que debe adquirir el alumno para alcanzar unas competencias determinadas. Éstos determinarán lo que el alumno será capaz de saber y saber hacer al acabar el curso, en unas condiciones dadas y con unos medios determinados.

Si, al finalizar el curso, se observa que los objetivos no se han cumplido en su totalidad, hay que analizar cuál ha sido la causa de este error y corregirlos. Si se han cumplido los objetivos, habrá que determinar los motivos de éxito, para volver a ponerlos en práctica en futuros cursos.

Los objetivos marcados al inicio de la formación sirven para:

- Dirigir la formación, es decir, saber hacia dónde se quiere llegar con ésta.
- Comprobar qué se ha logrado.
- Facilitar la evaluación, ya que se sabe cuáles son los objetivos que hay que evaluar.
- Reorientar la formación en el mismo momento que se está realizando.
- Elegir los métodos más adecuados para la formación.

La evaluación de los objetivos debe medirse atendiendo a:

- **Objetivos generales:** son utilizados para saber cuáles son las competencias generales.
- **Objetivos específicos:** parten de los objetivos generales.

■ **Objetivos operativos:** son derivados de los específicos. Son objetivos más concretos y siempre deben estar relacionados con actividades u operaciones determinadas. Son los más fáciles de medir.

 **Ejemplo**

Objetivos específicos para evaluar un curso de primeros auxilios:

❘ Aprender los conceptos básicos y generales de los primeros auxilios.
❘ Adquirir las habilidades y aplicar los principios de actuación para poder reaccionar adecuadamente en situaciones de urgencia.
❘ Conocer los aspectos jurídicos relacionados.

11.2. Evaluación de los contenidos

La evaluación de los contenidos se realizará para comprobar si los objetivos que se habían marcado al principio de la formación se han logrado, así como para eliminar aquellos contenidos que no aportan nada al curso.

Se debe tener siempre en cuenta que se puede lograr un mismo objetivo de formación utilizando diversos contenidos.

Para evaluar los contenidos, hay que comprobar si se ha seguido una secuencia lógica a la hora de impartirlos. Esta secuencia permite que los contenidos sean adquiridos por los alumnos de una manera más significativa, es decir, facilita el aprendizaje de los mismos.

Para que la evaluación de los contenidos resulte positiva, éstos deben ir expuestos:

■ De acuerdo con los objetivos propuestos y con los plazos previstos para conseguirlos.
■ De lo conocido a lo desconocido.

- De lo inmediato a lo remoto.
- De lo concreto a lo abstracto.
- De lo fácil a lo difícil.

Otro aspecto a tener en cuenta para que la evaluación de los contenidos sea positiva, es que éstos se deben estructurar adecuadamente, por ejemplo, mediante módulos, unidades didácticas, etc. Éstas tienen que abarcar los conocimientos, las habilidades y las actitudes que capacitan al alumno para poner en práctica las funciones que desempeñará en su puesto de trabajo. Por lo general, se pueden constituir equivalencias entre objetivos generales y cursos, objetivos específicos y módulos, unidades didácticas, etc. así como entre objetivos operativos y sesión formativa,.

 **Ejemplo**

Siguiendo el ejemplo anterior de primeros auxilios, los contenidos que se evaluarán para comprobar si se han logrado o no los objetivos anteriormente propuestos, son:

- Primeros auxilios: conceptos generales.
- Soporte vital básico (reanimación cardio-pulmonar)-adultos.
- Soporte vital básico-niños.
- Soporte vital instrumental.
- Traumatismos osteoarticulares. Inmovilizaciones (vendajes y férulas improvisadas).
- Movilización de urgencia y posiciones de espera.
- Traumatismos craneales y vertebro-medulares.
- Otras situaciones de emergencia.

11.3. Evaluación de la metodología

La evaluación de la metodología consiste en comprobar que los métodos que se han utilizado son los adecuados para lograr los objetivos formativos, aunque éstos deben ser flexibles a la hora de utilizarlos, ya que deben adaptarse a la materia tratada, a los alumnos, a los recursos disponibles, etc.

Para conseguir que la evaluación de la metodología sea positiva, se deben tener en cuenta las características que se emplean para definir un método. Éstas pueden ser:

- Presentar y mostrar la problemática del tema para que, a través de la reflexión y el esfuerzo, el alumno pueda resolverla.
- Respetar tanto la libertad de expresión como de creación.
- Las actividades que están destinadas al alumno tienen que ser dirigidas por el formador para que el alumno reflexione y participe.
- Motivar al alumno, relacionando los temas con sus intereses, motivaciones y necesidades.
- Organizar los nuevos aprendizajes para que se integren con los ya adquiridos.
- Tener en cuenta las limitaciones y las posibilidades que tiene cada alumno.
- Dar lugar a la acción individualizada a través de tareas que requieran planteamientos y acciones individualizadas.

11.4. Evaluación de actividades y recursos

Las **actividades** son unos elementos que acompañan a los contenidos formativos, ya que éstas refuerzan los contenidos que son expuestos por el formador. Siempre debe existir coordinación entre ambos, para esto se deben seleccionar adecuadamente tanto los métodos como las técnicas.

Para evaluar las diversas actividades que se han desarrollado, hay que formular una serie de preguntas para saber si las actividades han sido eficaces o han fallado en su ejecución. Algunas de estas preguntas pueden ser:

- ¿Qué ha hecho el alumno?
- ¿Ha sabido aplicar los conocimientos necesarios para lograr resolver las actividades?
- ¿Valora y comprende la finalidad de la actividad?
- ¿Ha mostrado interés en la realización de la misma?
- ¿Qué ha aprendido?
- ¿Han sido válidas las actividades?

- ¿Cuáles han fallado? ¿Por qué?
- ¿Se han alcanzado los objetivos?
- Etc.

Junto con las actividades, los recursos también tienen que ser evaluados, ya que de ellos va a depender en cierta manera la eficacia de las actividades. Por eso, en la evaluación de los recursos hay que tener en cuenta la eficacia de aquellos que se han utilizado y cuáles son los que se hubieran necesitado para desarrollar el curso.

Se pueden distinguir varios criterios para evaluar la eficacia de los recursos:

- Su calidad, porque actúa como mediador entre la realidad y la estructura cognitiva del alumno.
- El contexto metodológico, ya que todo va a depender de la metodología usada por el formador.
- Los propios alumnos, sus motivaciones, intereses, etc.
- La experiencia del formador en el manejo de los diversos recursos, sus habilidades, etc.

También es necesario tener en cuenta qué evaluar de los recursos:

- La rentabilidad de éstos.
- El aprovechamiento para distintas finalidades.
- El mantenimiento.
- La actualización, deben adaptarse a las nuevas tecnologías.
- La adecuación al proceso de enseñanza-aprendizaje.
- Posibilitar la acción, estimular y responder a las curiosidades presentes en el alumnado.

11.5. Evaluación del formador

La figura del formador es muy importante a lo largo de todo el proceso formativo, ya que, en cierta manera, el éxito o el fracaso de la formación recae sobre él, por lo tanto, es imprescindible conocer previamente a la persona que va a impartir un curso.

El formador es el mediador entre los contenidos y los alumnos, por lo que debe evaluarse de forma continua y a lo largo de todo el proceso de enseñanza-aprendizaje, así como al final del proceso, momento en que se comprobará si los métodos y estrategias que ha diseñado y utilizado han sido los adecuados, introduciendo posibles modificaciones para las prácticas futuras.

La evaluación del formador se puede realizar desde varias vertientes, en cada una de ellas se evalúan aspectos diferentes, pero todas persiguen el mismo fin, que es fomentar la calidad de la formación.

Evaluación realizada por los alumnos

Los alumnos pueden evaluar aspectos como la relación del formador con los alumnos, la organización de las sesiones, el control de clase, la efectividad de la enseñanza, etc.

En la siguiente tabla se muestra un cuestionario a modo de ejemplo:

Marque la opción que más se adecúe a las características que prevalecieron a lo largo del curso

---

1. Las oportunidades que tuve para realizar preguntas en clase fueron:
   a. Frecuentes
   b. Regulares
   c. Escasas
   d. Muy escasas

---

2. El interés que mostró el formador respecto a los alumnos fue:
   a. Satisfactorio
   b. Regular
   c. Poco
   d. Muy pobre

---

3. El clima existente en el aula fue:
   a. Bueno
   b. Regular
   c. Tenso
   d. Malo

Continúa en página siguiente >>

<< Viene de página anterior

**Marque la opción que más se adecúe a las características
que prevalecieron a lo largo del curso**

---

4. En la prueba final se evaluaban los contenidos dados a lo largo del curso:
   a. Sí
   b. No

---

5. El material presentado en el curso fue:
   a. Original
   b. Poco original
   c. Nada original

---

6. Las actividades que realicé para asimilar los contenidos fueron:
   a. Útiles
   b. Regulares
   c. Pobres
   d. Inútiles

---

7. El contenido marcado para el curso se expuso en su totalidad:
   a. Sí
   b. No

---

8. El grupo de alumnos afectó a mi aprendizaje:
   a. De manera positiva
   b. De manera negativa
   c. No me afectó

---

9. El material audiovisual me pareció:
   a. Atractivo
   b. Regular
   c. Inadecuado

---

10. Los procesos, problemas y soluciones experimentados en el trabajo en
    grupo fueron:
    a. Bien planteados
    b. Regular planteados
    c. Mal planteados

---

11. Las exposiciones por parte del docente me parecieron:
    a. Buenas
    b. Regulares
    c. Malas

Continúa en página siguiente >>

<< Viene de página anterior

**Marque la opción que más se adecúe a las características
que prevalecieron a lo largo del curso**

---

12. La actuación del profesor durante el curso evidenció:
    a. Un elevado conocimiento de la materia
    b. Un mediano conocimiento
    c. Un escaso conocimiento

---

13. El profesor supo controlar las conductas perturbadoras sucedidas a lo largo
    del curso de forma:
    a. Eficaz
    b. Regular
    c. Ineficaz

---

14. El ritmo que siguió el profesor al exponer los contenidos me pareció:
    a. Muy bueno
    b. Satisfactorio
    c. Monótono

---

15. La secuencia de presentación de los contenidos del curso fue:
    a. Lógica
    b. Regular
    c. Arbitraria

---

16. La actuación del profesor despertó interés y motivación:
    a. Muchas veces
    b. Algunas veces
    c. Pocas veces
    d. Ninguna vez

Evaluación realizada por el propio formador

En esta evaluación, el formador va a evaluar la preparación del curso, el desarrollo del mismo, y también realizará una evaluación propia de su actuación como formador.

En la siguiente tabla se muestra un cuestionario a modo de ejemplo:

Marque la opción que más se adecúe a las características que prevalecieron a lo largo del curso

A. PREPARACIÓN DEL CURSO

1. ¿Cómo ha sido el tiempo con el que ha contado?
   a. Suficiente
   b. Insuficiente

¿Por qué? ____

2. ¿Cómo considera la distribución de las sesiones del curso?
   a. Adecuadas
   b. Inadecuadas

¿Por qué? ____

3. ¿Ha dispuesto de las guías didácticas del curso?
   a. Sí
   b. No

¿Por qué? ____

4. ¿Ha dispuesto de los recursos necesarios para la preparación de sus sesiones?
   a. Sí
   b. No

¿Cuáles le han hecho falta? ____

5. Teniendo en cuenta su nivel de formación, ¿ha necesitado apoyo por parte de la dirección del curso?
   a. Sí
   b. No

¿Cómo ha sido el apoyo? ____

B. DESARROLLO DEL CURSO

6. ¿El desarrollo de las sesiones (distribución y tiempo) se ha correspondido con la planificación prevista?
   a. Sí
   b. No

7. ¿La metodología utilizada para el desarrollo de las sesiones ha propiciado la participación e implicación del alumnado?
   a. Sí
   b. No

¿Por qué? ____

Continúa en página siguiente >>

<< Viene de página anterior

Marque la opción que más se adecúe a las características que prevalecieron a lo largo de curso

8. ¿Considera que el clima del curso ha sido el adecuado?
    a. Sí
    b. No

¿Por qué? ____

9. ¿El contexto donde se ha desarrollado el curso ha sido adecuado y oportuno?
    a. Sí
    b. No

¿Por qué? ____

10. ¿Ha conseguido los objetivos propuestos?
    a. Sí
    b. No

¿Por qué? ____

C. AUTOEVALUACIÓN

11. Evalúe de 1 a 4 los siguientes apartados relacionados con su intervención como formador, donde:
    1. Considero imprescindible mejorar mi formación en este aspecto.
    2. Considero necesario mejorar mi formación en este aspecto.
    3. Cuento con recursos necesarios para el desarrollo ajustado del curso, pero podría encontrar dificultades si éste cambia el rumbo prefijado.
    4. Mi formación al respecto es adecuada y dispongo de recursos suficientes para el desarrollo óptimo del curso.

	1	2	3	4
Dominio de los contenidos				
Metodología/didáctica empleada				
Comunicación con el alumnado				
Trabajo en equipo				

D. AMPLIACIÓN

Puede anotar a continuación cualquier aportación que desee realizar y no haya sido considerada en este cuestionario.

____

____

11.6. Tipos de evaluación

Existen diferentes tipos de evaluación, cada una se aplicará atendiendo a diferentes criterios.

Según su finalidad o función de la evaluación

Diagnóstica

Esta evaluación, como su nombre indica, tiene un carácter diagnóstico, ya que permite que se conozcan las potencialidades del alumno. De esta manera, la actividad didáctica se dirige de forma más efectiva.

Formativa

Se utiliza como estrategia para mejorar y ajustar los procesos formativos en el momento que se están llevando a cabo, para alcanzar las metas y los objetivos marcados. La evaluación formativa es aplicable a la evaluación de procesos.

Sumativa

Se aplica a la evaluación de productos terminados, es decir, se sitúa concretamente cuando finaliza un proceso, cuando éste se considera acabado. Su propósito es determinar el grado en que se han conseguido los objetivos establecidos, para evaluar de forma positiva o negativa el resultado. Esta evaluación permite tomar medidas tanto a medio como a largo plazo.

Según el momento de aplicación de la evaluación

Inicial

Se produce al principio del proceso de enseñanza-aprendizaje. La función que tiene la evaluación inicial es identificar el nivel de conocimientos que tienen los alumnos que inician un curso y, de esta manera, comprobar si los alumnos cuentan con los conocimientos necesarios para comenzarlo, y determinar si es posible impartirlo de acuerdo al programa formativo o si se requiere alguna modificación.

Procesual

La evaluación procesual se basa en valorar, de forma continua, el aprendizaje de los alumnos y la enseñanza del profesor, a través de la recogida sistemática de datos, toma de decisiones, etc.

La evaluación procesual es totalmente formativa, ya que, al favorecer la recogida continua de datos, permite tomar decisiones en el mismo momento que se considere necesario.

Los resultados que se obtienen forman la base permanente para el formador a la hora de programar las actividades diarias, así como para establecer las actividades y los procedimientos más apropiados. De esta manera, se evitan las dificultades que se puedan producir en los aprendizajes que se están llevando a cabo. La finalidad de todo esto es evitar errores y vacíos en los aprendizajes posteriores.

Final

La evaluación final es aquella que se realiza al finalizar la formación, por lo tanto ésta recoge y valora los resultados obtenidos a lo largo de un periodo formativo.

Según su extensión

Global

Tiene en cuenta todos los elementos y procesos que guardan relación con todo lo que es objeto de evaluación. Por ejemplo, si se trata de evaluar el proceso de aprendizaje de los alumnos, esta evaluación se centra en todas las áreas en general, pero sobre todo en los diversos tipos de contenidos de enseñanza (conceptos, procedimientos, valores, normas, etc.).

Parcial

Esta evaluación no se realiza de manera global, sino que se lleva a cabo por partes, es decir, evalúa los componentes que más interesan.

Según los agentes que realizan la evaluación

Autoevaluación o evaluación interna

Es el proceso sistemático mediante el cual una persona o grupo examina y valora sus procedimientos, comportamientos y resultados, para identificar qué quiere corregir o modificar en él. La evaluación interna muestra que los alumnos están más motivados a la hora de realizar una tarea difícil. La puesta en práctica de la autoevaluación no conlleva que el profesorado abandone sus funciones, sino que implica una concepción diferente de la enseñanza.

La autoevaluación ofrece al estudiante ayuda para descubrir sus necesidades, cantidad y calidad de su aprendizaje, causas de sus problemas, dificultades y éxitos en el estudio. De esta manera, el alumno puede conocerse de manera más concreta.

Heteroevaluación o evaluación externa

La evaluación externa es realizada o llevada a cabo por otra persona que no es el protagonista del aprendizaje. En esta evaluación, lo más frecuente es que el profesor evalúe al alumno.

TIPOS DE EVALUACIÓN

Según su finalidad o función	- Diagnóstica - Formativa - Sumativa

Continúa en página siguiente >>

<< Viene de página anterior

TIPOS DE EVALUACIÓN

Según su momento de aplicación	- Inicial - Procesual - Final
Según su extensión	- Global - Parcial
Según los agentes que la realizan	- Autoevaluación o evaluación interna - Heteroevaluación o evaluación externa

Bloque 2

Solucionarios de ejercicios de repaso y autoevaluación

Contenido

Máquinas, herramientas y materiales de procesos básicos de fabricación

 Solucionario Bloque 1 Capítulo 1

1. **Indique si las siguientes afirmaciones son verdaderas o falsas.**

    a. En los planos de conjunto se incluyen todas las dimensiones de cada uno de los elementos.

        ☐ Verdadero
        ☑ Falso

    b. Las piezas o elementos idénticos, que aparezcan en un mismo conjunto, se identificarán por una misma referencia.

        ☑ Verdadero
        ☐ Falso

    c. En los planos de despiece habrá que representar todas las piezas del conjunto, tanto las normalizadas como las no normalizadas.

        ☐ Verdadero
        ☑ Falso

2. **¿Cómo vienen ordenadas las piezas en la lista de piezas referente al plano de conjunto?**

    Si dicha lista se incluye, como suele ser lo normal, en el mismo plano de conjunto, irán ordenadas por su número de marca o referencia, de abajo hacia arriba.

    Sin embargo, en el caso de tener problemas de espacio en el plano de conjunto y tener que incluir dicha lista en un formato aparte, habrá que ordenarlas por su número de marca o referencia, pero de arriba hacia abajo.

3. **¿Es posible realizar el plano de despiece en el mismo plano de conjunto?**

    Sí, es posible en el caso de conjuntos que estén formados por un número de piezas relativamente pequeño y sea posible dicha representación en el mismo plano. Sin embargo, es aconsejable que se represente el despiece de cada pieza en un plano diferente porque, en muchos casos, cada pieza se fabrica siguiendo un procedimiento distinto e incluso en talleres diferentes y, de este modo, cada taller u operario podrá quedarse con el plano de la pieza concreta que vaya a elaborar.

4. ¿Cuál es la información mínima que ha de contener una hoja de ruta?

- El membrete de la empresa.
- El número de hoja.
- La fecha de emisión.
- La fecha de revisión.
- La descripción y el número de pieza.
- El número de operación.
- Una breve descripción de la operación.
- Una descripción de la máquina o el equipo con que se realiza dicha operación.

5. Complete las siguientes frases.

a. Las hojas de **ruta** se utilizan en producción por **lotes**.
b. La hoja de proceso es un documento que resume todas las **operaciones** involucradas en el proceso.
c. La hoja de proceso establece el **orden** en que deben llevarse a cabo las distintas operaciones para obtener el resultado requerido.
d. La hoja de operaciones debe contener la **máxima** información posible.

 Solucionario Bloque 1 Capítulo 2

1. **Las líneas a utilizar en piezas con muchos detalles y con poca separación serán de un espesor de...**

   a. ... entre 0,5 y 0,7 mm.
   b. ... entre 0,25 y 0,35 mm.
   c. ... entre 0,10 y 0,20 mm.
   d. El espesor a utilizar no es relevante.

2. **¿Cuál es la vista más característica de una pieza?**

   a. La vista de planta.
   b. La vista de perfil derecho.
   c. La vista de perfil izquierdo.
   d. La vista de alzado.

3. **Si una pieza u objeto se representa de forma que el objeto se encuentra entre el observador y el plano de proyección, ¿cuál es el método empleado?**

   a. Método de proyección del Primer Diedro o Sistema Europeo.
   b. Método de proyección del Tercer Diedro o Sistema Americano.
   c. Los dos sistemas representan el objeto de la misma forma.

4. **¿Qué tipo de representación del sistema axonométrico tiene ángulos de ejes superiores a 90º?**

   a. Perspectiva axonométrica isométrica.
   b. Perspectiva axonométrica dimétrica.
   c. Perspectiva axonométrica trimétrica.
   d. Todas las opciones son correctas.

5. La perspectiva axonométrica isométrica es el sistema que...

    a. ... utiliza dos ejes con ángulos iguales y un eje con ángulo diferente.
    b. ... utiliza tres ángulos iguales de 120º.
    c. ... utiliza los tres ejes con ángulos diferentes.
    d. ... está regulado por la Norma ISO.

6. ¿Para qué se utiliza un corte?

    a. Para acortar el tamaño de una pieza.
    b. Para acortar el tamaño de una pieza siempre que esta sea uniforme.
    c. Para representar partes interiores de una pieza.
    d. Para identificar las aristas de una pieza.

7. ¿Es obligatorio identificar en un dibujo si se trata de un corte o sección?

    a. Sí.
    b. Sí, pero solamente en cortes parciales.
    c. Sí, pero solamente en cortes totales.
    d. No, pero es aconsejable identificarlo para una mejor comprensión del mismo.

8. De las siguientes opciones, ¿cuál es la correcta?

    a. El rayado en un corte o sección debe tener una inclinación de 60º.
    b. El rayado de un corte o sección debe tener una inclinación de 75º.
    c. Si coinciden varias superficies seccionadas, se diferencian por la dirección y separación del rayado.
    d. Todas las opciones son incorrectas.

9. Al realizar un croquis...

    a. ... debe figurar lo que aparecería en el dibujo terminado, con la diferencia de que no se hace a escala.
    b. ... las indicaciones escritas deben ser muy minuciosas y detalladas.
    c. ... el primer paso a seguir es trazar las líneas de cota.
    d. ... es aconsejable utilizar un exceso de líneas, para una mejor interpretación del mismo.

Solucionario Bloque 1 Capítulo 3

1. Observe la siguiente pieza.

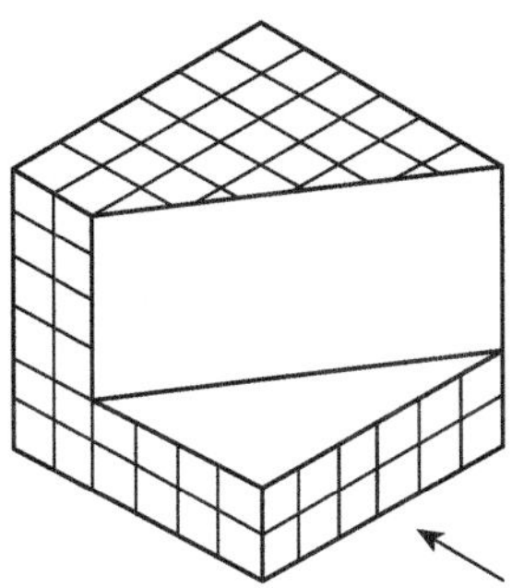

¿Cuál cree que es la imagen que representa su alzado? Preste atención a la flecha que indica la vista que se considera como alzado. Si piensa que ninguna de estas propuestas es correcta, dibuje la que crea correcta.

a.

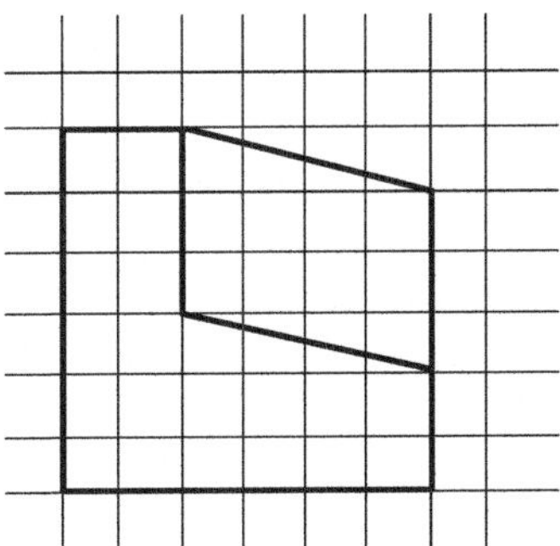

b.

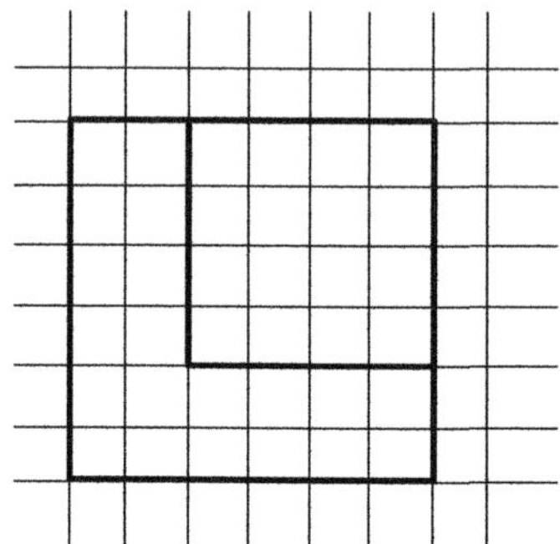

c.

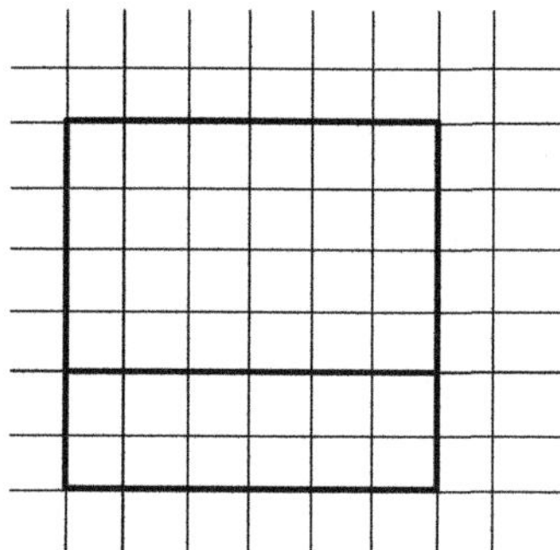

2. Indique si las siguientes afirmaciones son verdaderas o falsas.

a. Las normas ANSI son normas americanas.

☑ Verdadero
☐ Falso

b. Cuando la escala es de reducción, el denominador de la relación entre el dibujo y la realidad será mayor que el numerador.

☑ Verdadero
☐ Falso

c. La escala transversal permite representar hasta centésimas de la unidad.

☑ Verdadero
☐ Falso

3. **Si le entregan un plano con la representación de las vistas de una pieza en el que aparece este símbolo, ¿qué significa? ¿Le está indicando algún dato importante de cara a la interpretación del plano?**

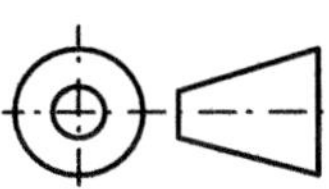

Este símbolo indica que la representación de las vistas de la pieza se ha hecho en el Sistema Americano o Método del tercer diedro.

4. **Coloque en las imágenes representadas el tipo de escala que corresponda.**

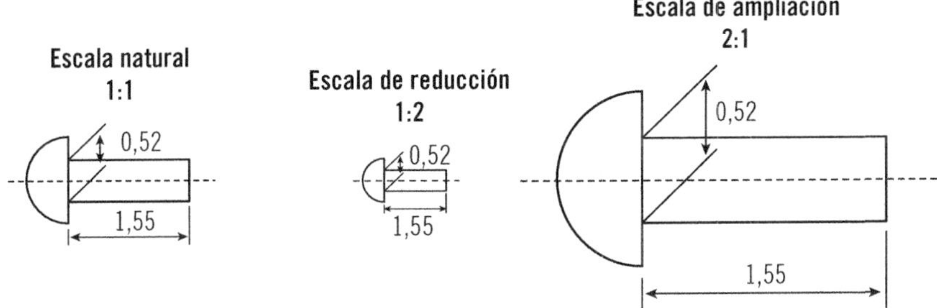

5. **Si le entregan un plano dibujado utilizando una escala E 1:1000, ¿podrá hacer uso del escalímetro para interpretar dicho plano? ¿Cómo?**

Lo adecuado sería utilizar el escalímetro, aplicando la escala 1:100 y multiplicando por 10 la lectura que se haga utilizando dicha escala.

 **Solucionario Bloque 1 Capítulo 4**

1. ¿Cuándo se produjo la primera unificación de criterios?

    a. Durante la Guerra Civil Española.
    b. Durante la Primera Guerra Mundial.
    c. Durante la Segunda Guerra Mundial.
    d. Entre la Primera y la Segunda Guerra Mundial.

2. ¿Para qué se establecen reglas para la normalización?

    a. Para que las medidas sean estandarizadas en milímetros.
    b. Para simplificar, unificar y especificar criterios.
    c. No se establecen reglas, solo se aconseja.
    d. Para que solo sean comprendidas por personal especializado.

3. ¿Cuál es la ventaja de la normalización?

    a. Potencia la calidad de los productos.
    b. Fomenta el comercio internacional.
    c. Aumenta el rendimiento de la empresa.
    d. Todas las opciones son correctas.

4. ¿A quién afectan las ventajas de la normalización?

    a. Al consumidor.
    b. Al comercio.
    c. A la empresa.
    d. Todas las opciones son correctas.

5. La entidad española en la que recaen las actividades de normalización y certificación es...

    a. ... IRANOR.
    b. ... CEN.
    c. ... AENOR.
    d. ... ISO.

6. ¿Qué margen debe tener un pliego de papel cuyo formato es de tamaño A4?

    a. 10 mm por los cuatro lados, para poder ser archivado.
    b. 20 mm por los cuatro lados, para poder ser archivado.
    c. 10 mm por tres lados y 20 mm por el lado opuesto al cuadro de rotulación, para poder taladrarlo para su archivo.
    d. El que sea acorde con el tamaño de la pieza.

7. ¿Qué debe contener el cuadro de rotulación?

    a. Una zona de identificación y una zona de información.
    b. Una zona de terminación y una de información.
    c. Una zona de información de acabado.
    d. Una zona de identificación del grupo de escala empleado.

8. ¿Qué tipos de escalas existen?

    a. Natural, de multiplicación y de reducción.
    b. De multiplicación, de división y natural.
    c. De ampliación, de reducción y natural.
    d. De dimensión y natural.

9. ¿Qué es la tolerancia de una pieza?

    a. Es la diferencia entre la medida máxima y la mínima admisibles.
    b. Es la suma de la medida máxima y la mínima admisibles.
    c. Es la mayor medida límite de una pieza.
    d. Es la menor medida límite de una pieza.

10. ¿A qué se llama línea cero?

    a. A la medida de una tolerancia.
    b. A la línea que identifica una cota.
    c. A la medida que corresponde a la medida nominal.
    d. A la medida resultante de la medida de una pieza a 20 ºC.

11. Teniendo en cuenta la tabla de tolerancias, ¿cuál es la tolerancia correspondiente a una cota de 90 para una calidad de IT 9?

    a. 54 micras.
    b. 62 micras.
    c. 78 micras.
    d. 87 micras.

12. ¿Qué significa la expresión Ø50d7?

    a. Es un agujero de 50 mm de diámetro con un índice de calidad IT 7.
    b. Es un eje de 50 mm de diámetro con un índice de calidad IT 7.
    c. Es un agujero de 50 mm de diámetro con una tolerancia de 7 micras.
    d. Es un eje de 50 mm de diámetro con una tolerancia de 7 micras.

13. ¿Qué es la tolerancia geométrica?

    a. Es la especificación de una tolerancia dimensional.
    b. Es la zona dentro de la cual debe estar contenido un objeto.
    c. Es la tolerancia indicada de un eje según la Norma ISO.
    d. Todas las opciones son incorrectas.

14. ¿Qué indica el dato del primer recuadro de una tolerancia geométrica?

    a. El valor de la tolerancia.
    b. El elemento de referencia.
    c. Es el símbolo de la tolerancia.
    d. El valor de referencia.

15. **¿Qué es una superficie tratada?**

    a. **Es una superficie mecanizada que necesita un tratamiento superficial especial.**
    b. Es una superficie que se ajusta a una cota.
    c. Es la superficie resultante de un proceso de arranque de virutas.
    d. Es la superficie resultante de un proceso de lijado.

16. **¿Qué es la rugosidad de una pieza?**

    a. Son los granulados que contiene el cuerpo de la pieza.
    b. Es la consecuencia de la dilatación por efecto térmico.
    c. Son los granulados que contiene la capa alterada.
    d. **Son pequeñas desviaciones que se encuentran en la superficie.**

Solucionario Bloque 2 Capítulo 1

1. **Las máquinas herramientas de control numérico utilizan programas de *software*, ¿qué instrucciones deben contener dichos programas para poder realizar las operaciones de mecanizado?**

   Instrucciones geométricas, de procesamiento, de recorrido y de conmutación.

2. **Enumere los factores que se deben tener en cuenta en el transporte de materiales.**

   - Las características de la pieza o del material a transportar.
   - La distancia de transporte.
   - Las condiciones del trayecto.
   - El grado de automatización.

3. **Complete las siguientes oraciones.**

   a. En cualquier proceso de mecanizado, es necesario que actúe un sistema de **refrigeración** para enfriar las herramientas y las piezas de corte.
   b. La refrigeración contribuye a alargar la **vida** útil de las herramientas.
   c. Además del sistema de refrigeración, los sistemas de **lubricación** también ayudan a evacuar el calor que se genera durante el funcionamiento de las máquinas herramientas.

4. **Indique si las siguientes afirmaciones son verdaderas o falsas.**

   a. La refrigeración no influye en la calidad del acabado de las superficies mecanizadas.

      ☐ Verdadero
      ☑ Falso

   b. La función principal de la lubricación en las máquinas herramientas es la reducción del rozamiento entre los elementos en contacto con movimiento.

      ☑ Verdadero
      ☐ Falso

c. La lubricación permite alargar la vida útil de las herramientas.

    ☑ Verdadero
    ☐ Falso

5. Indique cuáles de estos elementos se utilizan para la sujeción de la pieza de trabajo: portaburiles, prensas, mandriles, broqueros y mordazas.

Los elementos que se utilizan para la sujeción de la pieza de trabajo son: prensas, mandriles y mordazas.

El resto (portaburiles y broqueros) son utilizados para la sujeción de la herramienta.

 **Solucionario Bloque 2 Capítulo 2**

1. Nombre los elementos estructurales principales que componen un torno paralelo.

La bancada, el carro, el contracabezal, el cabezal, el eje principal y el portaherramientas.

2. Indique si las siguientes afirmaciones son verdaderas o falsas.

a. La cadena cinemática regula los movimientos de los elementos de la máquina herramienta.

☑ Verdadero
☐ Falso

b. La caja de avance determina el sentido de giro del eje principal de la máquina herramienta.

☐ Verdadero
☑ Falso

c. Los avances del eje de cilindrar son más rápidos que los del eje de roscar.

☐ Verdadero
☑ Falso

3. Nombre dos elementos que formen parte del sistema de control de las máquinas herramientas de control numérico.

El controlador de funciones y el panel de control.

4. Una cada tipo de horno con su utilización.

     a. Horno por lotes de campana.
     b. Horno por lotes de elevador.
     c. Horno por lotes de fosa.

     c. Para piezas de grandes dimensiones.
     a. Para metales en forma de lámina.
     b. Para tratamientos que necesiten un enfriamiento rápido.

5. Complete las siguientes oraciones.

El mantenimiento se traduce en un aumento de la capacidad para producir con **calidad, seguridad y rentabilidad.**

El mantenimiento influye en diversos aspectos, como los **costes** de producción, la calidad del producto, la capacidad operacional, la capacidad de respuesta de la empresa, la seguridad e higiene industrial y la imagen y seguridad ambiental de la empresa.

La limpieza de las máquinas herramientas se debe realizar siguiendo las **instrucciones** marcadas previamente por los técnicos especialistas.

 Solucionario Bloque 2 Capítulo 3

1. ¿Cree que es importante la utilización de un portaherramientas adecuado para un determinado proceso de mecanizado, en el caso en el que sea posible su elección? Razone la respuesta.

Sí, porque el portaherramientas es el encargado de fijar firmemente la herramienta a la máquina herramienta con la que se realizará el trabajo. Por tanto, el portaherramientas tendrá un papel fundamental en cuanto a seguridad, puesto que la utilización del portaherramientas adecuado evitará accidentes. Además, tendrá una gran influencia sobre la calidad del resultado final del mecanizado. Por todo ello, es importante que el portaherramientas sea lo suficientemente robusto para soportar las fuerzas generadas durante el mecanizado, sin sufrir vibraciones.

2. Complete las siguientes oraciones.

Los **mandriles** son elementos de forma cilíndrica que suelen sujetar la pieza y transmitir el movimiento.

Los fijadores de **arrastre** más utilizados son los de plato.

Los tornillos de banco constan de dos **mordazas**: una **fija** y otra **móvil**, que se acciona mediante un husillo de tornillo **sin fin.**

3. Describa cada una de las partes de un destornillador.

El destornillador se compone de tres partes:

- Mango: es la parte que sirve para sujetar el destornillador y es sobre la que se ejerce la fuerza.
- Cuerpo: es la parte que une el mango con la cabeza y hace que la herramienta sea más larga, para tener mejor acceso a determinados lugares.
- Cabeza: es la parte principal del destornillador, puesto que es la que se introduce en la cabeza del tornillo para hacerlo girar y conseguir apretarlo o aflojarlo. La cabeza puede tener distintas formas, distinto grosor y diferente longitud de filo, en función del tipo de tornillo para el que haya sido diseñado. Incluso existen destornilladores con cabezas intercambiables, de forma que pueden ser utilizados para distintos tipos de tornillos, en función de la cabeza que se les ponga.

4. ¿Qué son los extractores?

Los extractores son útiles de trabajo o herramientas especiales diseñadas para desmontar piezas que están unidas mediante sistemas de presión.

5. Indique si las siguientes afirmaciones son verdaderas o falsas.

a. Se debe revisar el material y, si existe algún deterioro, habrá que suspender la actividad inmediatamente, sin tener que hacer nada más.

☐ Verdadero
☑ Falso

b. Deben utilizarse siempre las herramientas del tamaño adecuado y proporcionado al del elemento que se va a manipular.

☑ Verdadero
☐ Falso

c. La iluminación ha de ser suficiente para facilitar el trabajo al operador; cuanta más luz, mejor, sin límite alguno.

☐ Verdadero
☑ Falso

Solucionario Bloque 3 Capítulo 1

1. Indique si las siguientes afirmaciones son verdaderas o falsas.

    a. El Real Decreto 457/1999, de 20 de julio, establece las disposiciones mínimas de seguridad y salud en los lugares de trabajo, quedando así regulada la necesidad de establecer un orden en los lugares de trabajo.

        ☐ Verdadero
        ☑ Falso

    b. El hecho de trabajar en un entorno ordenado puede tener consecuencias negativas a largo plazo sobre el trabajador.

        ☐ Verdadero
        ☑ Falso

    c. El orden es un factor fundamental para garantizar la seguridad de los trabajadores.

        ☑ Verdadero
        ☐ Falso

2. ¿Cuáles son los principales riesgos que supone el desorden?

Los principales riesgos que supone el desorden son:

- Golpes y heridas, cortes, punzonamientos o pinchazos con determinados útiles de trabajo mal posicionados.
- Caídas al mismo nivel, producidas por tropiezos o deslizamientos con elementos que haya en el suelo.
- Golpes producidos por la caída de objetos desde la mesa de trabajo o desde su lugar de ubicación, debido a una mala colocación de las herramientas y útiles.

3. **Indique las posibles etapas para llegar a implantar el orden en el entorno de trabajo.**

   1. Eliminación de lo innecesario y clasificación de lo útil.
   2. Acondicionamiento de los medios para guardar y localizar el material.
   3. Creación y consolidación de los hábitos de trabajo.

4. **¿Cuál cree que sería la opción más adecuada para mantener ordenadas y organizadas las herramientas manuales de uso frecuente y compartido por dos operarios que trabajan juntos siempre en la misma mesa de trabajo?**

   La opción más adecuada sería la utilización de un panel, puesto que los cajones y armarios pueden quedar más alejados, se pierde más tiempo en coger las herramientas y se puede molestar al compañero cada vez que se necesite coger o guardar una herramienta distinta, en función de la posición de los operarios.

5. **Complete las siguientes oraciones.**

   Una solución para conseguir que las herramientas metálicas queden adheridas a los paneles donde van colocadas es utilizar paneles **imantados**.

   Los pasillos, las escaleras, las puertas y las salidas de emergencia nunca pueden quedar **obstruidos** por ningún tipo de elemento.

   Se debe intentar **minimizar** al máximo las distancias que el operario ha de recorrer para coger una determinada herramienta.

 **Solucionario Bloque 3 Capítulo 2**

1. En el caso de residuos inflamables, ¿se deben almacenar hasta conseguir una cantidad suficiente para poder desecharlos?

No. Es aconsejable eliminar dichas sustancias lo antes posible, puesto que se trata de residuos peligrosos.

2. Indique si las siguientes afirmaciones son verdaderas o falsas.

a. La limpieza de las máquinas influye en aspectos como el acabado final.

☑ Verdadero
☐ Falso

b. La comprobación de los elementos que serán necesarios durante el desarrollo del trabajo, así como la colación de los mismos a mano, forma parte del proceso de preparación.

☑ Verdadero
☐ Falso

c. Para la correcta preparación de las máquinas y herramientas a utilizar durante el desarrollo del trabajo a realizar, en primer lugar hay que analizar el proceso que se llevará a cabo.

☑ Verdadero
☐ Falso

3. Complete las siguientes oraciones.

La preparación de las **máquinas herramientas** se refiere a la ubicación y fijación de la herramienta adecuada en el portaherramientas de la máquina, y a la programación del proceso en el caso de utilizar una máquina herramienta de control numérico.

La regulación de la **temperatura** es uno de los parámetros a controlar en la preparación de los hornos.

La preparación de las **herramientas** manuales o eléctricas consiste en ubicar a mano las necesarias y asegurarse de que están correctamente conservadas y limpias.

Los **lugares de trabajo** y sus instalaciones deben ser sometidos a un mantenimiento periódico.

4. ¿Es obligatorio mantener los locales o lugares de trabajo limpios y ordenados?

Sí, incluso se especifica en el Real Decreto 486/1997, de 14 de abril, por el que se establecen las disposiciones mínimas de seguridad y salud en los lugares de trabajo, en su Anexo II.

5. ¿Cómo se debe actuar si se produce un derrame de aceite?

Se debe cubrir con algún elemento absorbente, como sepiolita, y limpiarlo inmediatamente.

Solucionario Bloque 3 Capítulo 3

1. **Indique algunos objetivos a perseguir a la hora de realizar la organización y programación del mantenimiento.**

   ▪ Maximizar la disponibilidad del equipo productivo.
   ▪ Disminuir los costes de mantenimiento.
   ▪ Optimizar los recursos humanos.
   ▪ Maximizar la vida útil de las máquinas herramientas.

2. **Complete las siguientes oraciones.**

   Un correcto mantenimiento preventivo se traduce en el **aumento** de la calidad de los productos.

   Un exceso de mantenimiento preventivo se puede reflejar en el aumento innecesario de los **costes** y en la disminución de la **disponibilidad** de la máquina herramienta.

   El mantenimiento correctivo puede ser paliativo o **curativo.**

3. **Una cada definición con el tipo de mantenimiento que corresponda.**

   a. Mantenimiento preventivo.
   b. Mantenimiento correctivo.
   c. Mantenimiento predictivo.

   c. Se basa en la observación de determinados parámetros para predecir fallos.
   a. Se trata de inspecciones periódicas, que evitan averías más graves.
   b. Consiste en la reparación una vez que se ha producido el fallo.

4. **Indique si las siguientes afirmaciones son verdaderas o falsas.**

   a. El engrase aumenta el desgaste de los elementos que forman parte de las máquinas.

   ☐ Verdadero
   ☑ Falso

b. Se pueden producir ruidos molestos durante el uso de la máquina si esta no tiene el suficiente engrase.

☑ Verdadero
☐ Falso

c. El engrase puede influir en el acabado final del trabajo.

☑ Verdadero
☐ Falso

5. Indique las precauciones principales, desde el punto de vista de la seguridad y la prevención de riesgos laborales, que hay que tomar cuando se vayan a realizar las labores de mantenimiento de una máquina herramienta.

Lo principal es realizar dichas labores con la máquina herramienta desconectada, comprobando previamente que no existen energías residuales peligrosas. Además, hay que tomar las medidas necesarias para que no se produzca la puesta en marcha accidental.

 **Solucionario Bloque 3 Capítulo 4**

1. **Indique cómo fue transpuesta al derecho español la Directiva fundamental 89/391/CEE del Consejo, de 12 de junio de 1989, relativa a la aplicación de medidas para promover la mejora de la seguridad y de la salud de los trabajadores en el puesto de trabajo.**

   Mediante la Ley de Prevención de Riesgos Laborales 31/1995, de 8 de noviembre.

2. **Describa cómo debe ser la ropa utilizada por un operador de una máquina herramienta para evitar accidentes.**

   Debe utilizar ropa de trabajo ajustada, con mangas ceñidas a las muñecas mediante elásticos o llevándolas remangadas, siempre hacia dentro. Debe evitar la utilización de ropa con botones, para evitar posibles enganches y atrapamientos. Del mismo modo, no debe llevar elementos que cuelguen y pueda engancharse, como bufandas, corbatas, etc.

3. **¿Para qué sirve una tensión de seguridad?**

   a. Para garantizar el alumbrado de emergencia.
   b. **Para evitar riesgos, ya que utiliza tensiones inferiores a 50 V.**
   c. Para evitar que se paren las máquinas por un corte de electricidad.
   d. Para garantizar que no se generen picos de electricidad y no se accionen los magnetotérmicos.

4. **¿Cuál es la carga máxima que no deben sobrepasar trabajadores con consideraciones especiales?**

   a. 3 kg.
   b. 10 kg.
   c. **15 kg.**
   d. 25 kg.

5. De las siguientes opciones, ¿cuál es la más indicada?

   a. La mejor medida preventiva es diseñar el puesto de trabajo para que no se tengan que manipular cargas.
   b. La mejor medida preventiva es la paletización.
   c. La mejor medida preventiva es la utilización de grúas.
   d. La mejor medida preventiva es la utilización de sistemas transportadores.

6. Una carga debe transportarse...

   a. ... con la espalda levemente girada hacia atrás, para equilibrar los pesos.
   b. ... lo más baja posible para que, en caso de caída, no se dañe.
   c. ... lo más despegada posible del cuerpo.
   d. ... lo más pegada posible al cuerpo.

7. Cuando una carga la transportan entre dos personas...

   a. ... la capacidad individual aumenta un poco.
   b. ... la capacidad individual disminuye.
   c. ... la capacidad individual aumenta al doble.
   d. Todas las opciones son incorrectas.

8. Si una carga se puede agarrar con los dedos de la mano flexionados a 90º, ¿se puede considerar que tiene un agarre favorable?

   a. Sí.
   b. No.
   c. Sí, pero siempre que la carga no supere los 3 kg.
   d. Sí, pero siempre que la carga no supere los 25 kg.

9. ¿Cómo deben posicionarse los pies a la hora de realizar el levantamiento de una carga?

   a. Apoyando firmemente los talones y con los pies juntos.
   b. Con los pies juntos.
   c. De la forma más abierta posible.
   d. Semiseparados y con un pie un poco más adelantado.

10. ¿Qué es un EPI de categoría I?

   a. El que debe llevar el trabajador durante la jornada de trabajo.
   b. El que debe llevar el marcado CE, debido a que protege de riesgos graves.
   c. Es el que protege de daños mínimos.
   d. Es el que se debe utilizar en el uso de equipos de trabajo especiales.

11. Como norma general, los EPI deben ser...

   a. ... flexibles, cómodos y deben permitir acoplarse unos con otros.
   b. ... de categoría III.
   c. ... del material más pesado, ya que suele ser el más resistente.
   d. No deben permitir acoplarse unos con otros.

 **Solucionario Bloque 3 Capítulo 5**

1. ¿De qué vías consta el desarrollo sostenible?

De tres vías: la económica, la social y la medioambiental.

2. Indique en qué ley se trata la evaluación y gestión de la calidad del aire.

En la Ley 34/2007, de 15 de noviembre, de calidad del aire y protección de la atmósfera.

3. ¿Qué es el nivel de emisión contaminante?

   a. Es el nivel medio de emisiones permitido durante un periodo de 24 horas.
   b. Es el nivel máximo de emisiones permitido durante un periodo de 24 horas.
   c. Es la máxima concentración admisible de un agente contaminante vertido a la atmósfera.
   d. Es el control de la opacidad de los agentes contaminantes.

4. ¿Está considerado el ruido como un agente contaminante?

   a. No, ya que no causa daños sobre el medioambiente.
   b. Sí.
   c. Sí, pero solamente en los suelos urbanos.
   d. Sí, pero solamente si no se utilizan las protecciones oportunas.

5. ¿Quién tiene que costear los gastos de gestión de los residuos generados?

   a. La empresa generadora o poseedora.
   b. La empresa recogedora.
   c. La comunidad autónoma.
   d. A partes proporcionales entre la empresa generadora y la empresa recogedora.

6. **¿Qué tipo de orientaciones para la gestión de residuos proporciona la Norma UNE-EN ISO 14001?**

    a. Sobre la planificación.
    b. Sobre la evaluación del desempeño.
    c. Sobre la mejora.
    d. Todas las opciones son correctas.

Operaciones básicas y procesos automáticos de fabricación mecánica

 **Solucionario Bloque 1 Capítulo 1**

1. **De las siguientes afirmaciones, diga cuál es verdadera o falsa.**

    a. En los planos de conjunto se incluyen todas las dimensiones de cada uno de los elementos.

      ☐ Verdadero
      ☑ **Falso**

    b. Las piezas o elementos idénticos que aparezcan en un mismo conjunto se identificarán por una misma referencia.

      ☑ **Verdadero**
      ☐ Falso

    c. En los planos de despiece habrá que representar todas las piezas del conjunto, tanto las normalizadas como las no normalizadas.

      ☐ Verdadero
      ☑ **Falso**

2. **¿Cómo vienen ordenadas las piezas en la lista de piezas referente al plano de conjunto?**

    Si dicha lista se incluye, como suele ser normal, en el mismo plano de conjunto, irán ordenadas por su número de marca o referencia de abajo hacia arriba.

    Sin embargo, en el caso de tener problemas de espacio en el plano de conjunto y de tener que incluir dicha lista en un formato aparte, habrá que ordenarlas por su número de marca o referencia, pero de arriba hacia abajo.

3. **¿Es posible realizar el plano de despiece en el mismo plano de conjunto?**

    Sí, es posible en el caso de conjuntos que estén formados por un número de piezas relativamente pequeño y sea posible dicha representación en el mismo plano. Sin embargo, es aconsejable que se represente el despiece de cada pieza en un plano diferente, porque, en muchos casos, cada pieza se fabrica siguiendo un procedimiento distinto e incluso en talleres diferentes y, de este modo, cada taller o cada operario podrá quedarse con el plano de la pieza concreta que vaya a elaborar.

4. ¿Cuál es la información mínima que ha de contener una hoja de ruta?

- El membrete de la empresa.
- El número de hoja.
- La fecha de emisión.
- La fecha de revisión.
- La descripción y el número de pieza.
- El número de operación.
- Una breve descripción de la operación.
- Una descripción de la máquina o el equipo donde se realiza dicha operación.

5. Complete los huecos de las siguientes oraciones con la palabra adecuada.

a. Las hojas de **ruta** se utilizan en producción por **lotes**.

b. La hoja de proceso es un documento que resume todas las **operaciones** involucradas en el proceso.

c. La hoja de proceso establece el **orden** en que deben llevarse a cabo las distintas operaciones para obtener el resultado requerido.

d. La hoja de operaciones debe contener la **máxima** información posible.

Solucionario Bloque 1 Capítulo 2

1. De las siguientes afirmaciones, diga cuál es verdadera o falsa.

a. Dentro de la documentación técnica no se incluye ningún tipo de información técnica.

☐ Verdadero
☑ **Falso**

b. El operario necesita la información técnica para poder llevar a cabo las operaciones pertinentes de forma correcta, es decir, para realizar su trabajo y sus funciones.

☑ **Verdadero**
☐ Falso

c. Los planos facilitan una información imprescindible, puesto que ayudarán al operario a entender y conocer las características del producto a fabricar.

☑ **Verdadero**
☐ Falso

2. Indique algunos de los aspectos informativos que facilitan los planos.

Forma, medidas, tolerancias admitidas, mecanizado, tratamientos y recubrimientos, acabado superficial, funcionamiento, posición de montaje, uniones, etcétera.

3. Complete los huecos de las siguientes oraciones con la palabra adecuada.

a. La calidad, los **materiales**, el tratamiento y la fabricación son especificaciones técnicas requeridas para llevar a cabo el proceso de fabricación.
b. En función de la **cantidad** de unidades a fabricar, se determinará el tipo de producción a llevar a cabo.
c. Es necesario conocer el **proceso** de fabricación al completo para poder llevar a cabo las operaciones necesarias y crear un orden de trabajo adecuado.
d. La información necesaria puede variar en función del tipo de **proceso** de fabricación y producción y de las operaciones a realizar.

4. Diga si la siguiente afirmación es correcta y arguméntelo: "Cuanto mayor sea la cantidad de información, mejor".

Esta afirmación no es del todo correcta, puesto que la información ha de ser la suficiente, pero no debe ser excesiva, ya que podría llegar a crear confusión en el receptor en lugar de aclararle el trabajo. Sin embargo, es cierto que la información debe ser tal que deje todo correcta y totalmente definido, con todos sus detalles constructivos claros. Además, es importante que se incluya y se tenga clara toda la información necesaria sobre todos y cada uno de los elementos que intervendrán en las distintas operaciones.

5. Indique las fases que se deben seguir para llevar a cabo un proceso de mecanizado cualquiera.

- Preparación de las máquinas y de las herramientas.
- Montaje de la pieza en la máquina.
- Centrado de la pieza.
- Selección de los parámetros de mecanizado.
- Mecanizado.
- Control.

6. ¿Cuáles son los parámetros fundamentales de mecanizado?

La velocidad de corte y el avance.

Solucionario Bloque 1 Capítulo 3

1. De las siguientes afirmaciones, diga cuál es verdadera o falsa.

    a. El Real Decreto 457/1999, de 20 de julio, establece las disposiciones mínimas de seguridad y salud en los lugares de trabajo, quedando así regulada la necesidad de establecer un orden en los lugares de trabajo.

        ☐ Verdadero
        ☑ **Falso**

    b. El hecho de trabajar en un entorno ordenado puede tener consecuencias negativas a largo plazo sobre el trabajador.

        ☐ Verdadero
        ☑ **Falso**

    c. El orden es un factor fundamental para garantizar la seguridad de los trabajadores.

        ☑ **Verdadero**
        ☐ Falso

2. ¿Cuáles son los principales riesgos que supone el desorden?

- Golpes y heridas, cortes, punzadas o pinchazos con determinados útiles de trabajo mal posicionados.
- Caídas al mismo nivel producidas por tropiezos o deslizamientos con elementos que haya en el suelo.
- Golpes producidos por la caída de objetos desde la mesa de trabajo o desde su lugar de ubicación debido a una mala colocación de las herramientas y útiles.

3. **Indique ordenadamente las posibles etapas para llegar a implantar el orden en el entorno de trabajo.**

   1. Eliminación de lo innecesario y clasificación de lo útil.
   2. Acondicionamiento de los medios para guardar y localizar el material.
   3. Creación y consolidación de los hábitos de trabajo.

4. **¿Cuál cree que sería la opción más adecuada para mantener ordenadas y organizadas las herramientas manuales de uso frecuente y compartido por dos operarios que trabajan juntos siempre en la misma mesa de trabajo?**

   La opción más adecuada sería la utilización de un panel, puesto que los cajones y armarios pueden quedar más alejados, se pierde más tiempo en coger las herramientas y se puede molestar al compañero cada vez que necesite coger o guardar una herramienta distinta, en función de la posición de estos.

5. **Complete los huecos de las siguientes oraciones con la palabra adecuada.**

   a. Una solución para conseguir que las herramientas metálicas queden adheridas a los paneles donde van colocadas es utilizar paneles **imantados**.
   b. Los pasillos, las escaleras, las puertas y las salidas de emergencia nunca pueden quedar **obstruidos** por ningún tipo de elemento.
   c. Se debe intentar **minimizar** al máximo las distancias que el operario ha de recorrer para coger una determinada herramienta.

6. **¿Cuáles deben ser las funciones de la persona encargada de la recepción de mercancías y suministros?**

   El registro de la entrada de suministros y materiales y su ubicación en el lugar correspondiente. También es importante que se lleve un control de la cantidad de material de cada tipo del que se dispone.

Solucionario Bloque 1 Capítulo 4

1. Complete los huecos de las siguientes oraciones con la palabra adecuada.

    a. La taladrina es una emulsión o solución **oleosa**.
    b. Las resinas compuestas por poliuretano, acrílico y cianoacrilato son las resinas **epoxi**.
    c. Las resinas úricas se utilizan como aislamiento **eléctrico**, térmico y acústico.
    d. Las colas de almidón son de origen **vegetal**.

2. Indique los factores de los que depende la eficacia de una cola y la característica principal de las colas y adhesivos que hay que tener en cuenta respecto a la gestión y almacenaje de los mismos.

La eficacia de las colas depende de la resistencia al encogimiento y al desprendimiento, la maleabilidad, la fuerza adhesiva, la tensión superficial y el grado de penetración en las pequeñas imperfecciones de la superficie en la que se apliquen.

Respecto a la gestión y al almacenaje de las colas y adhesivos, hay que tener presente que suelen ser líquidos inflamables.

3. De las siguientes afirmaciones, diga cuál es verdadera o falsa.

    a. El empresario no tiene la obligación de garantizar una vigilancia de la salud de los trabajadores específica en función de los tipos de productos químicos que se utilicen.

        ☐ Verdadero
        ☑ **Falso**

    b. La utilización de productos químicos inflamables supone un riesgo importante de incendio y explosión en los lugares de trabajo.

        ☑ **Verdadero**
        ☐ Falso

    c. Los lugares donde se almacenen o se utilicen pinturas y colas han de estar bien ventilados.

        ☑ **Verdadero**
        ☐ Falso

4. ¿Qué tipo de sistema de ventilación sería el más adecuado en casos en los que existan muchos focos de contaminantes dispersos?

El sistema de ventilación por dilución general.

5. En la etiqueta de los productos químicos figura el nombre del producto, la composición, los peligros derivados de su uso y las precauciones a tener presentes, expresándose mediante:

    a. **Frases H y Frases P**
    b. Frases S
    c. Frases R
    d. Frases M

 **Solucionario Bloque 2 Capítulo 1**

1. **¿Cuáles son las fases básicas en la realización de un proceso de mecanizado? Nómbrelas de forma ordenada.**

   a. Preparación de las máquinas y de las herramientas.
   b. Montaje de la pieza en la máquina.
   c. Centrado de la pieza.
   d. Selección de los parámetros de mecanizado.
   e. Mecanizado.
   f. Control.

2. **¿En qué consiste la carga de la máquina?**

   La carga de la máquina consiste básicamente en el montaje de la pieza en la máquina en la posición adecuada en función de la operación de mecanizado que se vaya a llevar a cabo. Hay que destacar que, una vez colocada la pieza, es necesario realizar la alineación correcta.

3. **Complete los huecos de las siguientes oraciones con la palabra adecuada.**

   a. Los acabados superficiales más pulidos y de mejor calidad se suelen obtener a velocidades **mayores**.
   b. Tanto la **velocidad** de corte como el avance son parámetros fundamentales del mecanizado.
   c. El avance para el **desbaste** se toma normalmente sobre 0,1 mm por diente de la herramienta.

4. **De las siguientes afirmaciones, diga cuál es verdadera o falsa.**

   a. La lubricación y la refrigeración de las herramientas de corte influirán directamente en la conservación de las herramientas y en el acabado final del mecanizado.

      ☑ **Verdadero**
      ☐ Falso

b. La lubricación contribuye a un aumento de la temperatura como consecuencia del aumento del rozamiento.

    ☐ Verdadero
    ☑ **Falso**

c. Es imprescindible sustituir el fluido refrigerante cada cierto número de horas en función de las condiciones de servicio de la máquina y de las características del fluido utilizado.

    ☑ **Verdadero**
    ☐ Falso

5. Relacione cada máquina con la operación para la que se utiliza.

a. Separador magnético.
b. Transportador de arpón.
c. Trituradora.

b. Retirada de la viruta.
c. Eliminación de la viruta.
a. Tratamiento del refrigerante.

6. ¿Cuáles son las instrucciones que debe contener el programa de software de una máquina herramienta de control numérico para poder realizar las operaciones de mecanizado necesarias?

Siempre debe contener: instrucciones geométricas, instrucciones de procesamiento, instrucciones de recorrido e instrucciones de conmutación.

Solucionario Bloque 2 Capítulo 2

1. ¿Qué factores hay que tener en cuenta para el transporte de material?

    a. Las características del material.
    b. La distancia de transporte.
    c. Las condiciones del trayecto.
    d. Todas las respuestas son correctas.

2. Como norma general, ¿cuál es el peso máximo de carga que no se debe sobrepasar?

    a. 3 kg.
    b. 25 kg.
    c. 15 kg.
    d. 30 kg.

3. ¿Cuál es la carga máxima que no deben sobrepasar trabajadores con consideraciones especiales?

    a. 3 kg.
    b. 10 kg.
    c. 15 kg.
    d. 25 kg.

4. De las siguientes respuestas, ¿cuál es la más indicada?

    a. La mejor medida preventiva es diseñar el puesto de trabajo para que no se tengan que manipular cargas.
    b. La mejor medida preventiva es la paletización.
    c. La mejor medida preventiva es la utilización de grúas.
    d. La mejor medida preventiva es la utilización de sistemas transportadores.

5. Una carga debe transportarse...

    a. ... con la espalda levemente girada hacia atrás para equilibrar los pesos.
    b. ... lo más baja posible para que en caso de caída no se dañe.

c. ... lo más despegada posible del cuerpo.
d. ... lo más pegada posible al cuerpo.

6. Cuando una carga es transportada entre dos personas,...

a. ... la capacidad individual aumenta un poco.
b. ... la capacidad individual disminuye.
c. ... la capacidad individual aumenta al doble.
d. Todas las respuestas son falsas.

7. En caso de que el centro de gravedad de una carga esté descentrado,...

a. ... se tiene que transportar con dos o más trabajadores.
b. ... se transportará con la espalda ligeramente flexionada para evitar daños.
c. ... se transportará con la parte más pesada lo más cercana posible al cuerpo.
d. ... se equilibrará con otra carga adicional para contrarrestar el peso.

8. El primer paso a seguir a la hora de realizar un levantamiento y manipulación de cargas es:

a. Adoptar la postura de levantamiento.
b. Planificar la ruta a seguir por si existen obstáculos en el camino.
c. Colocar los pies de forma semiseparada.
d. Colocar los pies uno más adelantado que otro para facilitar el equilibrio.

9. ¿Cómo deben posicionarse los pies a la hora de realizar el levantamiento de una carga?

a. Apoyando firmemente los talones y con los pies juntos.
b. Con los pies juntos.
c. De la forma más abierta posible.
d. Semiseparados y con un pie un poco más adelantado.

Solucionario Bloque 2 Capítulo 3

1. **Indique los pasos a seguir para realizar el afilado de una broca y explique la importancia de dicho afilado.**

Los pasos a seguir para llevar a cabo el afilado de una broca son los siguientes:

- Se apoya la broca en el soporte de la esmeriladora y se sujeta firmemente, evitando que se mueva.
- Se sitúa la broca en la piedra o muela abrasiva, de forma que se consiga un ángulo equivalente a la mitad del total de la punta.
- Se gira la broca a derecha y a izquierda alternativamente para que se afilen las dos caras de la broca y se forme una punta cónica con los grados deseados.

La importancia de realizar el afilado de la broca radica en que se produce un desgaste en su punta debido al rozamiento continuo de la broca con la pieza durante su uso, lo que provoca una pérdida de efectividad que hay que recuperar mediante su afilado.

2. **De las siguientes afirmaciones, diga cuál es verdadera o falsa.**

a. El avellanado es una técnica de taladrado.

☑ **Verdadero**
☐ Falso

b. El escariado es una técnica que se utiliza para proporcionar un buen acabado o una medida exacta a un orificio, por tanto, suele ser una operación complementaria al taladrado.

☑ **Verdadero**
☐ Falso

c. El escariado se realiza con una broca.

☐ Verdadero
☑ **Falso**

3. Nombre cinco operaciones que se suelan realizar con un torno.

El taladrado, el roscado, el refrentado, el cilindrado y el torneado de formas.

4. Indique el nombre de las partes que se señalan en la rosca que se representa en la siguiente imagen.

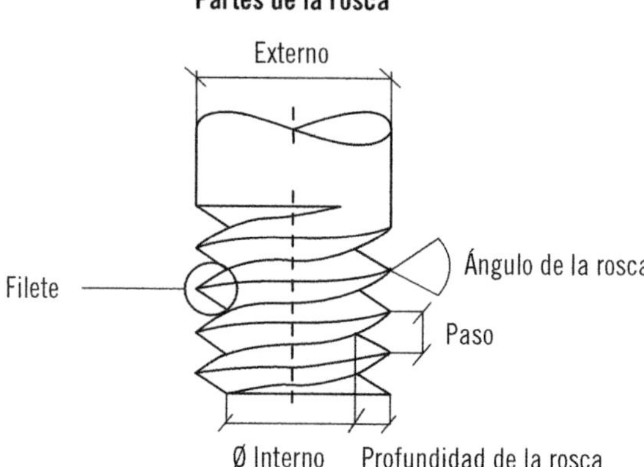

5. Si en un macho de roscar aparece la siguiente indicación "M10 x 1,50", ¿qué significado tiene dicha indicación?

Que el macho es de métrica 10 con un paso de rosca de 1,50 mm.

6. Indique las diferencias entre un remachado y un roblonado.

La primera diferencia es que en el remachado se utilizan remaches de pequeño diámetro, mientras que, en el caso del roblonado, se utilizan remaches de mayor tamaño, es decir, roblones. Además, el remachado es un proceso que se realiza en frío y, en el roblonado, una vez introducidos los roblones entre las chapas a unir, se calientan hasta alcanzar la temperatura suficiente para ser moldeados y, cuando se enfrían, se contraen, ejerciendo presión sobre las chapas unidas.

7. ¿Qué representa esta imagen?

   a. Una taladradora.
   b. Un torno.
   c. Una remachadora eléctrica.
   d. Ninguna de las respuestas anteriores es correcta.

8. ¿Qué tipo de lima utilizaría para realizar el limado de un agujero de una pieza fabricada con acero en el que se desea obtener un buen acabado?

   a. Una lima redonda con picado doble fina.
   b. Una lima redonda con picado simple semifina.
   c. Una lima plana con picado especial basta.
   d. Una lima de punta con picado doble semifina.

9. ¿Qué tipo de muela utilizará para realizar las operaciones de esmerilado de un metal blando?

   a. Una muela de grano fino.
   b. Una muela de grano medio.
   c. Una muela de grano grueso.
   d. Ninguna de las respuestas es correcta.

10. Relacione cada tipo de cincel con la característica que corresponda.

a. Cincel plano.
b. Buril.
c. Cincel rómbico.

a. Se suele utilizar cuando se requiere profundidad.
c. Se utiliza para cortar o partir metales.
b. Contiene una punta estrecha y se suele utilizar en zonas donde se necesite un corte preciso.

Solucionario Bloque 2 Capítulo 4

1. De las siguientes afirmaciones, diga cuál es verdadera o falsa.

a. En la fundición en arena, la arena que se suele utilizar es arena natural.

☐ Verdadero
☑ **Falso**

b. Los moldes cerámicos se suelen utilizar en fundiciones a altas temperaturas.

☑ **Verdadero**
☐ Falso

c. La fundición al vacío se realiza en moldes metálicos vacíos que se dividen en dos mitades.

☐ Verdadero
☑ **Falso**

2. ¿En qué consiste la colada por centrifugación?

Es un tipo de colada en la que el molde gira en un eje de rotación, de forma que la fuerza centrífuga hace que el material se pegue a las paredes y adopte la forma del molde. Este método de colada se utiliza para conseguir formas cilíndricas, tales como tuberías o conductos alargados.

3. Complete los huecos de las siguientes oraciones con la palabra adecuada.

a. La **sinterización** es un tratamiento térmico que se realiza a una temperatura inferior a la de fusión para conseguir aumentar la fuerza y la resistencia del elemento.
b. En la extrusión **indirecta**, la matriz se mueve hacia la cavidad donde se encuentra el metal.
c. El defecto que se puede producir durante el proceso de extrusión y que consiste en un hundimiento del extremo del lingote, se denomina **tubificado** y se puede evitar controlando la **fricción**.

4. Relacione cada tipo de curvado con la característica que corresponda.

    a. Curvado por compresión.
    b. Curvado por presión.
    c. Curvado con rodillos.
    d. Curvado con brazo giratorio.

    d. Es una técnica muy precisa y versátil.
    c. Se trata de pasar el elemento a curvar por una serie de rodillos que le confieren la forma deseada.
    b. Consiste en la aplicación de una presión o fuerza ejercida sobre la parte donde se ha de curvar la pieza.
    a. Consiste en aplicar una fuerza de compresión sobre el elemento a curvar utilizando otro elemento que limita la forma para conseguir el resultado buscado.

5. Indique qué tipo de plegado permite modificar la altura de la matriz para así determinar el ángulo de plegado.

El plegado parcial, también llamado plegado de tres puntos.

6. ¿Qué tipo de proceso hay que utilizar para reducir la sección de un alambre?

El trefilado.

Solucionario Bloque 2 Capítulo 5

1. **¿A qué tipo de enfriamiento hay que recurrir tras un tratamiento de inmersión para que la pieza tenga un acabado superficial muy brillante?**

   a. A un enfriamiento al aire libre de forma lenta.
   b. **A un enfriamiento brusco mediante su inmersión en baño de agua y aceite.**

2. **De las siguientes afirmaciones, diga cuál es verdadera o falsa.**

   a. El galvanizado se lleva a cabo sumergiendo la pieza en un baño de cinc a una temperatura cercana a los 1.000 °C.

   ☑ **Verdadero**
   ☐ Falso

   b. El cromado disminuye la resistencia al desgaste y a la corrosión de la pieza.

   ☐ Verdadero
   ☑ **Falso**

   c. Con el anodizado se crea una capa alumínica que protege la pieza.

   ☑ **Verdadero**
   ☐ Falso

3. **Defina tratamiento térmico.**

   Un tratamiento térmico consiste en calentar y enfriar las piezas de forma controlada, vigilando la velocidad de las distintas fases del proceso para conseguir el cambio deseado en las propiedades del metal. De esta forma, se consigue modificar la estructura del metal y, por tanto, propiedades como su dureza, su tenacidad y su resistencia, por ejemplo.

4. Complete los huecos de las siguientes oraciones con la palabra adecuada.

a. Durante el recocido de **ablandamiento,** la pieza se suele calentar a unos 700 ºC durante dos horas y después se deja enfriar.
b. El bonificado consiste en llevar a cabo un tratamiento de **temple** y después un **revenido.**
c. El **normalizado** se emplea para afinar la estructura del metal y destruir tratamientos anteriores.

5. Relacione cada tratamiento superficial con la característica que corresponda.

a. Cementación.
b. Nitruración.
c. Pavonado.

c. Consiste en aplicar una capa superficial de óxido abrillantado sobre piezas de acero.
a. Consiste en aplicar carbono a la superficie del acero.
b. Durante este proceso, el acero absorbe nitrógeno.

Solucionario Bloque 2 Capítulo 6

1. ¿Cuáles son los principales componentes de la pintura?

Las pinturas están compuestas principalmente por disolventes, pigmentos, ligantes (que suelen ser resinas o aceites) y aditivos.

2. De las siguientes afirmaciones, diga cuál es verdadera o falsa.

a. Los trabajadores deben recibir toda la información necesaria en cuanto a los riesgos que entraña su trabajo concreto para su seguridad y salud.

    ☑ **Verdadero**
    ☐ Falso

b. La utilización de productos químicos tóxicos no supone riesgo para la salud.

    ☐ Verdadero
    ☑ **Falso**

c. No es obligación del empresario llevar a cabo la evaluación de los riesgos.

    ☐ Verdadero
    ☑ **Falso**

3. Para evitar un riesgo determinado, ¿en qué orden se debe actuar sobre los siguientes elementos: el operario, el foco y el medio de difusión? Indique si falta algún elemento más sobre el que actuar.

En principio, aquí se recogen todos los aspectos o elementos sobre los que se debe actuar.

En primer lugar, habrá que actuar sobre el foco del riesgo para intentar eliminarlo.

Después, las acciones se centrarán, en caso de que no sea posible eliminar el foco, sobre el medio de difusión de dicho foco contaminante.

Por último, si esto tampoco es posible o no se consigue eliminar el riesgo, habrá que actuar sobre el operario, teniendo este que utilizar los equipos de protección individual adecuados.

4. Complete los huecos de las siguientes oraciones con las palabras adecuadas.

    a. Las etiquetas de los productos químicos deben poseer la siguiente información: identificación del **producto,** composición, nombre, dirección y teléfono de la persona natural o jurídica que **fabrica,** envasa o importa la sustancia peligrosa, identificación de los **peligros** principales, frases **R,** frases S y número **CE** de la sustancia.

    b. Las fichas de datos de **seguridad** de los productos químicos deben poseer la siguiente información: identificación del producto y de la empresa, **composición** e información sobre los componentes, identificación del **peligro,** medidas de primeros **auxilios,** medidas para combatir **incendios,** medidas para escape accidental, manipulación y almacenamiento, controles de exposición y protección personal, propiedades físicas y **químicas,** estabilidad y reactividad, información **toxicológica,** información ecológica, eliminación, información de transporte e información reglamentaria.

5. Indique las obligaciones que tienen las empresas generadoras de residuos, es decir, las medidas que han de adoptar.

Las empresas generadoras de residuos están obligadas a adoptar las siguientes medidas:

- Utilizar envases que favorezcan la no generación de residuos y que faciliten su reutilización.
- Hacerse cargo de sus residuos o colaborar en un sistema de gestión de los mismos.
- En el caso en que no se aplique el apartado anterior, deberán aceptar un sistema de depósito, devolución y retorno de los residuos generados.
- Informar a los organismos competentes de los residuos producidos durante las operaciones de fabricación.

Solucionario Bloque 3 Capítulo 1

1. ¿Qué es un taladro?

El taladro, también llamado taladradora, es una máquina o herramienta que se utiliza para realizar agujeros u orificios con una determinada profundidad en una pieza mediante un movimiento de rotación.

2. A continuación, se nombran las partes de una taladradora fija y las definiciones de cada parte de forma desordenada. Una cada parte con la definición adecuada.

- a. Bancada.
- b. Columna.
- c. Mesa.
- d. Motor.
- e. Caja de velocidades.
- f. Husillo.

c. Es la bandeja donde se fija la pieza a taladrar.
e. Es un sistema de poleas que permiten el giro a mayor o menor velocidad.
f. Contiene el portabrocas.
d. Transmite la fuerza y la velocidad de giro.
b. Es el eje vertical por donde se desplaza la mesa portaobjetos.
a. Sirve de apoyo. Sobre esta parte se fijan el resto de piezas o elementos.

3. Ordene los pasos que se especifican a continuación para realizar un taladrado correctamente.

- Situar la pieza a taladrar sobre la bandeja.
- Ajustar la altura de la mesa en función del tamaño de la pieza.
- Sujetar la pieza con la ayuda de las mordazas.
- Seleccionar la velocidad de giro.
- Poner en marcha el motor.
- Bajar el husillo girando la palanca o volante, provocando el avance de la broca hasta la profundidad deseada.

4. **De las siguientes afirmaciones, diga cuál es verdadera o falsa.**

   a. Las taladradoras portátiles se pueden clasificar, en función del tipo de fuente de energía de la que se alimentan, en manuales, eléctricas o neumáticas.

      ☑ **Verdadero**
      ☐ Falso

   b. Los discos de las amoladoras de material blando y flexible se utilizan para afilar las herramientas de corte.

      ☐ Verdadero
      ☑ **Falso**

   c. Los discos de alambre se usan para pulir y abrillantar metales.

      ☐ Verdadero
      ☑ **Falso**

5. **Complete los huecos de las siguientes oraciones con las palabras adecuadas.**

   a. Las punzonadoras se utilizan para **perforar** y conformar planchas de diferentes materiales.
   b. La cizalla manual está formada por dos **brazos** de gran tamaño y dos bocas con filo de cuchilla.
   c. Las cizallas eléctricas fijas se suelen utilizar para realizar el corte de piezas de **gran** tamaño en el taller.

Solucionario Bloque 3 Capítulo 2

1. **Si se desea realizar la rosca de una tuerca de forma manual, se deberán utilizar...**

   a. ... terrajas de roscar.
   b. ... machos de roscar.
   c. ... otra herramienta.

2. **Si desea realizar una unión fija de dos láminas metálicas delgadas, ¿qué proceso de unión se debe llevar a cabo?**

   Un remachado.

   Y si al hacer esta unión se tiene acceso solo a una de las partes a unir, ¿qué tipo concreto de proceso utilizaría?

   Un remachado con remaches de tracción.

3. **De las siguientes afirmaciones, diga cuál es verdadera o falsa.**

   a. El desbarbado es una técnica que realiza un amolado en bruto para remover el material sobrante sin tener en cuenta el acabado superficial.

   ☑ **Verdadero**
   ☐ Falso

   b. La herramienta que utiliza la desbarbadora es llamada disco.

   ☑ **Verdadero**
   ☐ Falso

   c. Para llevar a cabo el proceso de desbarbado hay que sujetar adecuadamente la desbarbadora antes de sujetar la pieza a desbarbar.

   ☐ Verdadero
   ☑ **Falso**

4. Complete los huecos de las siguientes oraciones con la palabra adecuada.

a. La **plegadora** es una máquina que se utiliza para realizar el plegado de una chapa u otro material delgado de ese tipo.
b. La plegadora posee un punzón y una **matriz.**
c. El plegado a fondo es un plegado de precisión que necesita un tonelaje relativamente **bajo.**

5. ¿Cuáles son los procedimientos o técnicas de curvado más comunes?

- Curvado por compresión.
- Curvado por presión.
- Curvado con rodillos.
- Curvado con brazo giratorio.

Solucionario Bloque 3 Capítulo 3

1. De las siguientes afirmaciones, diga cuál es verdadera o falsa.

a. El sistema de alimentación es totalmente independiente del tipo de máquina herramienta y no depende del mismo en ningún sentido.

☐ Verdadero
☑ **Falso**

b. El sistema de descarga influye en el aprovechamiento de la máquina.

☑ **Verdadero**
☐ Falso

c. La distribución de la planta de fabricación no influye en el sistema de transporte.

☐ Verdadero
☑ **Falso**

2. ¿Qué normas son las que establecen los criterios de normalización del lenguaje de programación de las máquinas de control numérico?

a. Las normas UNE.
b. Las normas ISO.
c. Otras normas diferentes a las UNE y las ISO.
d. No existe ninguna norma que regule este lenguaje, simplemente lo establece el fabricante.

3. Complete los huecos de las siguientes oraciones con la palabra adecuada.

a. El sistema de alimentación de un proceso de moldeo por fundición con molde de arena estará compuesto por la taza de colada, los canales o conductos de colada, los respiraderos y las **mazarotas.**

    b. La cadena **cinemática** de una máquina herramienta es la que genera, transmite y regula los movimientos de los elementos de la máquina en función de las operaciones a realizar.

    c. Las vías de **rodillos** son sistemas de transporte muy útiles para el transporte de cargas voluminosas.

4. Indique las instrucciones que siempre va a necesitar el programa de una máquina de control numérico para realizar unas determinadas operaciones de mecanizado.

- Instrucciones geométricas (referentes a los movimientos que deben existir entre la pieza y la herramienta de trabajo).
- Instrucciones de procesamiento (relativas a las velocidades de las herramientas de corte, de los husillos, etcétera).
- Instrucciones de recorrido (relativas a los movimientos que deben hacer la mesa o los posibles brazos articulados con las piezas).
- Instrucciones de conmutación (relativas a las posiciones de encendido o apagado de las partes de la máquina).

5. ¿Está relacionado el sistema de transporte con el de alimentación y descarga de una máquina herramienta?

Por supuesto. El sistema de transporte es la fase que precede a la alimentación en sí, estando unida a ella, y la etapa que sigue a la descarga, inmediatamente después de esta.

Solucionario Bloque 3 Capítulo 4

1. **De las siguientes afirmaciones, diga cuál es verdadera o falsa.**

   a. Los hornos de fusión deben estar fabricados con materiales conductores.

      ☐ Verdadero
      ☑ **Falso**

   b. El ladrillo y la fibra son materiales conductores.

      ☐ Verdadero
      ☑ **Falso**

   c. En los hornos de cubilotes, el plano de toberas es por donde entra el aire para facilitar la combustión.

      ☑ **Verdadero**
      ☐ Falso

2. **¿Qué es la piquera de colada?**

   Es un agujero que tienen los hornos de cubiletes en su parte frontal, cerca del fondo, para poder extraer el metal fundido.

3. **Complete los huecos de las siguientes oraciones con las palabras adecuadas.**

   a. Los hornos de reverbero se utilizan para piezas de **gran** tamaño o una cantidad **elevada** de material, puesto que suelen tener **gran** capacidad.
   b. Los hornos rotativos terminan en dos troncos de cono. En uno está el **quemador** y, en el otro, la salida de **gases**.
   c. Los hornos eléctricos permiten operaciones **limpias**.

4. Nombre los aspectos que pueden servir como criterio de selección del quemador.

- Temperatura a alcanzar.
- Naturaleza de los productos de combustión.
- Flexibilidad de funcionamiento.
- Flexibilidad de regulación.
- Ruido.
- Receptividad térmica del material a tratar.
- Receptividad térmica del horno.

5. ¿A qué familia de quemadores pertenecen los quemadores de premezcla?

a. A los quemadores industriales de gas.
b. A los quemadores para combustibles líquidos.
c. A los quemadores para combustibles sólidos.
d. Ninguna de las respuestas es correcta.

Solucionario Bloque 3 Capítulo 5

1. Complete los huecos de las siguientes oraciones con la palabra adecuada.

a. Las **cucharas** de trasvase son recipientes donde se vuelca el material fundido.

b. Las cucharas de trasvase se utilizan para la **alimentación** de hornos de mantenimiento de calor.

c. Las **malaxadoras** son máquinas en movimiento que se utilizan en el tratamiento de las arenas de fundición.

2. Indique si la siguiente oración es verdadera o falsa.

a. La duración del proceso de malaxado puede influir en las propiedades adquiridas tras la finalización del mismo.

☑ **Verdadero**
☐ Falso

3. ¿Qué es la coquilla?

La coquilla es un molde que se utiliza para obtener piezas a través del proceso de fundición mediante coquilladora.

4. ¿Han de ser lubricadas las coquillas? ¿Por qué?

Sí, las coquillas han de ser lubricadas para protegerlas de la abrasión que puede producir sobre ellas el material fundido.

5. **Indique las ventajas que supone utilizar una granalladora con dos turbinas frente a una con una única turbina.**

- Es posible trabajar un mayor número de piezas en el mismo proceso.
- Disminución del tiempo de trabajo.
- Aumento de la calidad de las piezas granalladas con un resultado más homogéneo.
- Mayor rendimiento de la granalladora.
- Disminución del coste de mantenimiento.
- Disminución del consumo de granalla.
- Disminución del consumo eléctrico.
- Disminución del coste de mano de obra.

Control y verificación de productos fabricados

 Solucionario Capítulo 1

1. Defina la equivalencia de un segundo.

El segundo es una de las siete unidades básicas del Sistema Internacional. Un segundo es la duración de 9.192.631.770 periodos de la radiación correspondiente a la transición entre los dos niveles hiperfinos del estado fundamental del isótopo 133 del átomo de cesio.

2. Complete los huecos de las siguientes oraciones con la palabra adecuada.

a. La muestra utilizada para medir se denomina unidad de medida y debe ser ser **inalterable, universal** y sencilla.

b. El pie de rey es un instrumento de medición **directa.**

c. La medición por comparación consiste en determinar una magnitud comparándola con otra de valor **conocido.**

3. De las siguientes afirmaciones, diga cuál es verdadera o falsa.

a. La escuadra es un instrumento de medición directa.

☐ Verdadero
☑ **Falso**

b. A la hora de realizar el ajuste de piezas, hay que tener en cuenta únicamente la función que van a desempeñar.

☐ Verdadero
☑ **Falso**

c. El juego máximo de un ajuste se define como la diferencia entre el valor máximo real de la cota de la pieza hembra o agujero y el valor mínimo real de la cota de la pieza macho o eje.

☑ **Verdadero**
☐ Falso

4. ¿Qué es la tolerancia de una pieza?

    a. Es la diferencia entre la medida máxima y la mínima admisibles.
    b. Es la suma de la medida máxima y la mínima admisibles.
    c. Es la mayor medida límite de una pieza.
    d. Es la menor medida límite de una pieza.

5. ¿A qué se le llama línea cero?

    a. A la medida de una tolerancia.
    b. A la línea que identifica una cota.
    c. A la que corresponde a la medida nominal.
    d. A la resultante de la medición de una pieza a 20 ºC.

6. Teniendo en cuenta la tabla de tolerancias, calcule la tolerancia correspondiente a una cota de 90 mm para una calidad de IT 9.

    a. 54 micras.
    b. 62 micras.
    c. 78 micras.
    d. 87 micras.

7. ¿Qué significa la cota Ø50d7?

    a. Es un agujero de 50 mm de diámetro con un índice de calidad IT 7.
    b. Es un eje de 50 mm de diámetro con un índice de calidad IT 7.
    c. Es un agujero de 50 mm de diámetro con una tolerancia de 7 micras.
    d. Es un eje de 50 mm de diámetro con una tolerancia de 7 micras.

8. ¿Qué indica el dato del primer recuadro de una tolerancia geométrica?

    a. El valor de la tolerancia.
    b. El elemento de referencia.
    c. El símbolo de la tolerancia.
    d. El valor de referencia.

9. **¿Qué es una superficie tratada?**

    a. **Es una superficie mecanizada que necesita un tratamiento superficial especial.**
    b. Es una superficie que se ajusta a una cota.
    c. Es la superficie resultante de un proceso de arranque de virutas.
    d. Es la superficie resultante de un proceso de lijado.

10. **¿Qué es la rugosidad de una pieza?**

    a. Es la consecuencia de la dilatación por el efecto térmico.
    b. Son los granulados que contiene el cuerpo de la pieza.
    c. Son los granulados que contiene la capa alterada.
    d. **Son pequeñas desviaciones que se encuentran en la superficie.**

 **Solucionario Capítulo 2**

1. **Indique la información que se ha de especificar en el procedimiento de medida.**

   a. Objeto de la medición.
   b. Instrumentos o equipos de medida necesarios.
   c. Personal (categoría profesional y capacitación de la persona encargada de realizar las tareas de medida).
   d. Principio y método de medida.
   e. Montaje de medida.
   f. Proceso de medición.
   g. Acondicionamiento del mensurando e instrumentos de medida.
   h. Directrices para realizar el montaje de la medida.
   i. Encendido de los instrumentos activos.
   j. Toma de datos.
   k. Desmontaje y almacenamiento del mensurando e instrumentación.
   l. Cálculos (valor medido e incertidumbre).
   m. Informe de la medida: contenido, firmas y aprobación.
   n. Anexos: registros de toma de datos.

2. **¿Quién es el metrólogo?**

   El metrólogo es la persona encargada de comprobar la exactitud de las piezas de fabricación realizadas, de acuerdo con las medidas y las tolerancias marcadas en el plano.

3. **Complete los huecos de las siguientes oraciones con la palabra adecuada.**

   a. El metro sirve para realizar la medición **directa** de la longitud.
   b. El micrómetro también es conocido con el nombre de **palmer.**
   c. El asiento fijo o **yunque** de un micrómetro es la base fija sobre la cual se apoya la pieza a medir.

4. Indique el valor de la lectura que está midiendo el micrómetro de la imagen.

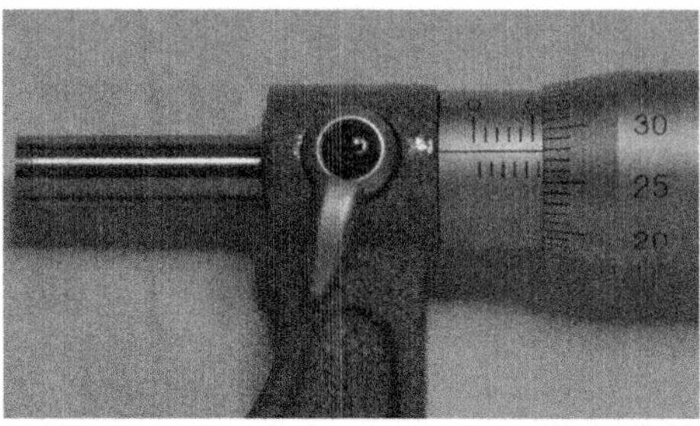

El valor de la medición indicado por este micrómetro es 5,78 mm.

5. Relacione el tipo de paso del tornillo con la unidad de medida correspondiente.

a. Paso métrico.
b. Paso Whithworth.

a. Milímetros.
b. Pulgadas

6. ¿Cómo se denomina la parte del pie de rey que se señala en la siguiente imagen?

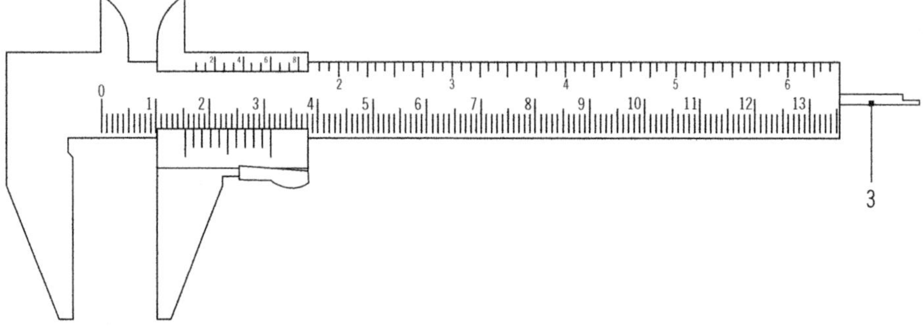

Esta parte es la barra o varilla de medición de profundidades.

7. Defina el término nonio.

El nonio es una segunda escala auxiliar que tienen algunos instrumentos de medición para conseguir unos resultados más precisos.

8. De las siguientes afirmaciones, diga cuál es verdadera o falsa.

a. Existen columnas de medición multifunción que permiten medir alturas, diámetros, distancias, perpendicularidad, rectitud, etcétera.

☑ **Verdadero**
☐ Falso

b. El goniómetro permite realizar la medición indirecta de ángulos.

☐ Verdadero
☑ **Falso**

c. Los instrumentos comparadores son instrumentos de medida directa.

☐ Verdadero
☑ **Falso**

9. ¿Para qué se utilizan los pirómetros?

Los pirómetros se utilizan para medir la temperatura de un objeto sin necesidad de estar en contacto físico con él.

10. Complete los huecos del siguiente texto con la palabra adecuada.

En un sistema **industrial** de producción y de intercambiabilidad de productos es fundamental garantizar que todas las **cotas** de una pieza se encuentran dentro de los límites de **tolerancia** y que las medidas efectuadas sean totalmente trazables con las efectuadas en cualquier otra fábrica del país o del **mundo**.

Solucionario Capítulo 3

1. Complete los huecos de las siguientes oraciones con la palabra adecuada.

   a. La **estética** suele ser decisiva a la hora de comparar dos productos similares y decidirse por uno de ellos.

   b. Cuando se habla de comprobación y verificación de acabados, se habla de calidad **superficial.**

   c. El estudio de la geometría de una pieza se puede dividir en macrogeometría (encargada de las **dimensiones** y las **formas**) y **microgeometría** (orientada al acabado superficial).

   d. La calidad superficial afecta al coeficiente de **rozamiento** de la pieza, a su capacidad de lubricación y a la resistencia al **desgaste** y a la fatiga.

   e. El aumento de la calidad superficial va ligado al **aumento** del coste de fabricación.

2. ¿A qué se llama rugotest?

Los rugotest consisten básicamente en comparar la rugosidad con una serie de muestras calibradas a través de un instrumento comparador. Permiten obtener simplemente una idea intuitiva.

3. Relacione cada elemento de la cadena de medición con su definición correspondiente.

Captador	Es el encargado de tomar la señal de entrada y transformarla en una señal capaz de entrar al siguiente elemento.
Amplilficador	Su misión es hacer que la señal de salida tenga unas características tales que pueda ser leída sin dificultad.
Receptor	Transforma la señal amplificada en una salida accesible a los sentidos del operador.
Indicador	Es el órgano de lectura y permite el acceso al resultado final de la medida.
Registrador	Permite conservar los resultados de la medición.

4. ¿Sobre qué trata la metrología legal? ¿Cuál es su objetivo?

La metrología legal trata de las unidades, métodos e instrumentos de medida en lo que respecta a las exigencias técnicas y jurídicas reglamentadas.

El objetivo de la metrología legal es asegurar la garantía pública desde el punto de vista de la seguridad y de la precisión conveniente en las mediciones.

5. De las siguientes afirmaciones, diga cuál es verdadera o falsa.

a. La verificación dimensional se puede definir como la facultad de un elemento, servicio o proceso para realizar una función requerida bajo las condiciones establecidas, durante un tiempo determinado.

    ☐ Verdadero
    ☑ **Falso**

b. Para poder realizar mediciones de conjuntos mecánicos, hay que tener conocimientos en metrología.

    ☑ **Verdadero**
    ☐ Falso

c. Los procesos de verificación y control de medidas están enfocados a garantizar que las piezas y conjuntos fabricados cumplen las especificaciones establecidas en el proyecto correspondiente, garantizado su intercambiabilidad y su correcto funcionamiento.

    ☑ **Verdadero**
    ☐ Falso

6. ¿Puede el instrumento de medida dar lugar a una incertidumbre de la medida? ¿Cómo y por qué?

Sí, el instrumento de medida es una de las causas posibles de la incertidumbre, porque, por muy preciso que sea, cualquier instrumento de medición presenta imperfecciones debido a su diseño y fabricación (planitud, paralelismo, concentricidad, grabado de las escalas, piezas de contacto interiores, levas, etcétera) o al desgaste del instrumento, ya sea interiormente o de las piezas de contacto con la pieza a medir, como pueden ser los palpadores.

7. **¿Cuáles son las anomalías que se encuentran con mayor frecuencia durante procesos de fabricación, mecanizado y montaje?**

   a. Anomalías en roscas.
   b. Anomalías en soldaduras.
   c. Anomalías en superficies planas.
   d. Anomalías en superficies cilíndricas.

8. **Explique cuáles son las causas de la aparición de anomalías en roscas, concretamente la rosca pasada.**

   La principal causa de que una rosca se pase es un mal encabezamiento de la tuerca o del tornillo, dando lugar a que los filos de la rosca no queden bien alineados y se pasen. Este fenómeno también se puede producir por un exceso de apriete, dando lugar al desprendimiento de los hilos.

9. **De las siguientes afirmaciones respecto a las hojas de incidencias, diga cuál es verdadera o falsa.**

   a. Son hojas en blanco donde anotar cualquier aspecto que el operario vea oportuno.

      ☐ Verdadero
      ☑ **Falso**

   b. Permiten llevar un control de los defectos que se van produciendo.

      ☑ **Verdadero**
      ☐ Falso

   c. Simplemente son un registro, no es necesario su análisis y nunca se realizará.

      ☐ Verdadero
      ☑ **Falso**

10. **Indique, de forma ordenada, los pasos básicos a seguir para elaborar una hoja de control y un método de trabajo en un taller de control de productos mecánicos.**

     a. Identificar el conjunto o pieza a la que hay que realizar el seguimiento.
     b. Determinar los datos a recoger en la hoja de control.
     c. Fijar la periodicidad de la recogida de datos.
     d. Diseñar la hoja de control y anotaciones en consonancia con la cantidad de datos a recoger, el tipo de datos del que se trate, el operario que realiza el control, las fechas, etcétera.

Preparación de materiales y maquinaria según documentación técnica

 Solucionario Capítulo 1

1. **¿Está normalizado el dibujo técnico?**

   a. **Sí.**
   b. No.
   c. Sí, cuando representan objetos en un plano.
   d. Sí, en los casos en los que se utilicen símbolos.

2. **¿Para qué se utilizan las líneas de trazos?**

   a. **Son empleadas para representar las aristas y los contornos interiores no visibles de una pieza.**
   b. Se utilizan para la representación de ejes.
   c. Se emplean en aristas y contornos visibles.
   d. Se pueden emplear de cualquier forma, siempre que su grosor sea superior a 0,3 mm.

3. **Generalmente, ¿con qué vista queda definida por completo una pieza?**

   a. La vista de alzado.
   b. La vista de planta.
   c. La vista de perfil.
   d. **Todas son correctas.**

4. **¿En qué método de proyección el objeto se encuentra entre el observador y el plano de proyección?**

   a. **En el método de proyección del Primer Diedro o Sistema Europeo.**
   b. En el método de proyección del Tercer Diedro o Sistema Americano.

5. **¿En qué consiste un semicorte?**

   a. Consiste en realizar un plano cortante que secciona toda la pieza.
   b. Consiste en una técnica para representar pequeños detalles de una pieza.
   c. **Consiste en la representación de una parte de la pieza cortada y la otra sin cortar.**
   d. Es una forma de representar una rotura para piezas de gran tamaño.

6. ¿Qué es un croquis?

    a. Es un plano en el que se incluyen varias piezas.

    b. Es un dibujo técnico que contiene las indicaciones de tolerancia a mano alzada.

    c. Es un plano que contiene una visión de un conjunto junto con otras en detalle.

    d. Es una representación de una pieza u objeto realizado a mano alzada.

7. Un plano de montaje es...

    a. ... el que se utiliza para representar partes o zonas complejas de un objeto, de esta forma se facilita la interpretación para el montaje.

    b. ... el que representa el despiece de un conjunto de forma ordenada y en perspectiva.

    c. ... es aquel que representa la visión de un conjunto de elementos.

    d. ... el que representa una pieza junto con todas sus indicaciones de tolerancia, acabado, etc.

8. Teniendo en cuenta la normalización, ¿dónde se debe situar el cajetín o cuadro de rotulación de un plano?

    a. En la parte inferior izquierda.

    b. En la parte inferior derecha.

    c. En la parte inferior central.

    d. Da igual siempre que sea en la parte inferior, pero la altura no debe superar los 150 mm.

9. ¿Qué indica este símbolo?

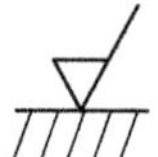

    a. Es el símbolo que se emplea para indicar la tolerancia de un conjunto.

    b. Es un símbolo que se emplea para indicar el grado de rugosidad de una superficie.

    c. Es un símbolo de estado superficial en el que el mecanizado está realizado de forma distinta al arranque de virutas.

    d. Es un símbolo de estado superficial en el que el mecanizado está realizado mediante el arranque de virutas.

10. ¿Cuál es el primer paso a seguir en la realización de operaciones de montaje?

    a. **Identificar el manual del conjunto con el que se va a trabajar.**

    b. Seguir los pasos que indica el manual.

    c. Revisar las indicaciones de advertencia del manual.

    d. Revisar los planos de conjunto del manual.

 Solucionario Capítulo 2

1. ¿Qué tipo de materiales metálicos existen?

    a. De acero y de hierro.
    b. Férricos y no férricos.
    c. Poliméricos.
    d. Férricos, no férricos, poliméricos y compuestos.

2. ¿Qué es la tenacidad de un material?

Es la resistencia que tienen frente a la rotura o deformación al recibir un golpe.

3. ¿Qué tipos de metales y aleaciones no férricas existen?

    a. Metales ligeros.
    b. Metales pesados.
    c. Aleaciones ultraligeras.
    d. Todas las opciones son correctas.

4. ¿Qué tipo de polímeros se emplean en el montaje de conjuntos?

    a. Plásticos.
    b. Caucho.
    c. Adhesivos.
    d. Todas las opciones son correctas.

5. Mientras más alto sea el contenido en carbono en una aleación de acero...

    a. ... mejor será su templabilidad.
    b. ... aumentará sus propiedades de mecanizado
    c. ... tendrá más dureza y resistencia.
    d. ... tendrá menos dureza.

6. Las aleaciones de aluminio con tratamiento térmico...

    a. ... son más duros y resistentes que los elaborados en frío.
    b. ... son más blandos y menos resistentes que los elaborados en frío.
    c. ... son más blandos pero a la vez resistentes, ya que son elaborados en frío.
    d. Todas las opciones son incorrectas.

7. Los polímeros termoplásticos...

    a. ... son resistentes a los agentes químicos.
    b. ... son aislantes de la electricidad.
    c. ... ofrecen poca resistencia a la degradación ambiental.
    d. Todas las opciones son correctas.

8. Señale la opción incorrecta

    a. El punto de fusión de los polímeros es mayor que el de los materiales metálicos.
    b. Los polímeros elastómeros se emplean para fabricar manguitos.
    c. Los polímeros termoestables suelen ser de bajo coste.
    d. Los polímeros termoplásticos se utilizan como pantallas de seguridad.

9. Señale la opción correcta

    a. Las fibras de vidrio se emplean como material conductor de la electricidad.
    b. Las fibras de vidrio es un material compuesto de coste asequible.
    c. Las fibras de vidrio no se suelen emplear debido a su alta rigidez.
    d. Las fibras de vidrio es un tipo de polímero termoestable que se utiliza en la reparación de plásticos, como, por ejemplo, paragolpes de automóviles.

10. ¿Que significa AISI-SAE?

    a. Es el sistema con el que se designan los materiales polímeros.
    b. Es el sistema con el que se designan los materiales compuestos.
    c. Es el sistema con el que se designan las aleaciones de aceros.
    d. Todas las opciones son incorrectas.

 Solucionario Capítulo 3

1. **Responda a las siguientes cuestiones.**

    a. Nombre cuatro mecanizados que pueden realizarse con el torno.

    Taladrado, roscado, cilindrado y ranurado.

    b. Dependiendo del mecanizado que se quiera realizar en la pieza, se escoge el tipo de muela a utilizar. Nombre tres tipos de muelas según su geometría.

    Muela cilíndrica, de disco, cónica.

2. **Indique si las siguientes afirmaciones son verdaderas o falsas.**

    a. Uno de los pasos que debemos tener en cuenta a la hora de realizar el mantenimiento, a nivel usuario en el torno, es comprobar el correcto afilado de la cuchilla, ya que durante los procesos de mecanizado se produce cierto desgaste en la misma.

        ☑ **Verdadero**
        ☐ Falso

    b. Uno de los pasos que debemos realizar para mantener un correcto funcionamiento en la mandrinadora, es mantener ordenado el puesto de trabajo y los alrededores de la máquina y evitar líquidos o aceites derramados en el suelo, ya que pueden ser resbaladizos y generar accidentes o lesiones.

        ☑ **Verdadero**
        ☐ Falso

3. **A la hora de sustituir las luminarias debemos...**

    a. ... reciclar las bombillas utilizadas y sustituirlas por otras que no sean de bajo consumo.
    b. ... reciclar las bombillas utilizadas depositándolas en cualquier tipo de contenedor.
    c. **... reciclar las bombillas utilizadas depositándolas en contenedores eseciales.**

4. **¿Cuál es la herramienta usada para imprimir un determinado dibujo en la superficie de una pieza mecanizada?**

    a. Muela.
    b. Moleta.
    c. Fresa.
    d. Cuchilla.

5. **El movimiento de corte en la fresadora lo realiza...**

    a. ... la pieza mediante el avance de la mesa portapiezas.
    b. ... la herramienta a través de un giro de la misma.
    c. ... la herramienta mediante el giro o la pieza a partir del avance propio.
    d. ... la herramienta mediante un corte lineal curvado.

6. **En la taladradora el movimiento de profundidad lo realiza...**

    a. ... la broca a través de un movimiento lineal.
    b. ... la pieza mediante un correcto ajuste en la máquina.
    c. ... la broca a partir de un giro circular.
    d. Todas las opciones son incorrectas.

7. **A la hora de operar con máquinas-herramientas nunca debemos...**

    a. ... verter el líquido refrigerante en contenedores especiales destinados a tal fin o llevarlos a un punto limpio donde puedan ser tratados.
    b. ... mantener limpias las mamparas de seguridad para tener visibilidad a la hora de operar con la máquina.
    c. ... retirar la viruta generada por la máquina directamente con la mano para evitar averías.
    d. ... limpiar las lámparas que iluminen el puesto de trabajo para mantener una correcta iluminación del área de trabajo.

8. **De los siguientes equipos de protección individual, ¿cuál de ellos es necesario usar a la hora de operar con la cepilladora?**

    a. Gafas y protector auditivo.
    b. Botas de seguridad.
    c. Ropa de trabajo.
    d. Todas las opciones son correctas.

Montaje de conjuntos y estructuras fijas o desmontables

Solucionario Capítulo 1

1. ¿Qué tipo de llave es una de estrella abierta?

    a. Es una llave que en un lado la boca es de estrella y en el otro la boca es abierta.

    b. Es un tipo de llave de estrella cuyas bocas son abiertas. Están especialmente indicadas para los racores.

    c. Es un tipo de llave de estrella que, gracias a un mecanismo, se pueden abrir o cerrar sus bocas.

    d. Todas las opciones son incorrectas.

2. ¿De qué tipo de material están fabricadas normalmente las herramientas para desmontar y montar?

    a. De aleación de acero al cromo-vanadio.

    b. De aleación de aluminio.

    c. De acero templado.

    d. De aleación de acero y cobalto.

3. ¿En qué se diferencian a simple vista una llave de vaso de una de impacto?

    a. Las llaves de impacto tienen 6 caras interiores.

    b. Las llaves de impacto tienen 12 caras interiores.

    c. Las de impacto son rugosas y de color antracita.

    d. Las llaves de impacto solo están disponibles a partir de los 22 mm.

4. De las siguientes llaves, ¿cuál es ajustable?

    a. La llave inglesa.

    b. La llave de cadena.

    c. La llave de fleje.

    d. Todas las opciones son correctas.

5. ¿Para qué se emplea una llave dinamométrica?

a. Para realizar mediciones inferiores al metro.
b. Para realizar desmontajes de conjuntos según normativa DIN.
c. Para controlar el apriete que se ejerce sobre un tornillo o tuerca.
d. Para realizar mediciones superiores al metro.

6. ¿En qué tipo de alicates se puede ajustar la abertura de sus bocas?

a. En los de circlip.
b. En los de pico de loro.
c. En los de corte, aunque solo si se le cambian las puntas.
d. En los universales.

7. ¿Para qué sirve un botador?

a. Es una herramienta de golpeo que se utiliza para extraer pasadores.
b. Es un extractor de presión que se utiliza para extraer pasadores.
c. Para amortiguar los golpes ejercidos por un martillo sobre un cincel.
d. Para realizar marcas en piezas metálicas.

8. El destornillador de golpe...

a. ... solamente se puede utilizar para aflojar tornillos.
b. ... solamente se puede utilizar para apretar tornillos.
c. ... se le pueden intercambiar diferentes tipos de puntas.
d. ... es aconsejable utilizarlo junto con un mazo de goma para no dañar la cabeza del tornillo.

9. ¿De qué depende el grado de corte de una lima?

a. De la presión que se ejerce sobre ella.
b. Del sentido en que se realice la abrasión.
c. De la forma de la caña.
d. De la cantidad de dientes que tiene por centímetro cuadrado.

10. ¿Qué ángulo de punta deben de tener los cinceles?

    a. Entre 20º y 30º.
**   b. Entre 8º y 10º.**
    c. Entre 15º y 20º.
    d. Superior a 30º.

Solucionario Capítulo 2

1. **Los adhesivos tienen mayor resistencia que las soldaduras en general.**

   ☐ Verdadero
   ☑ **Falso**

2. **Los adhesivos más utilizados en la industria hoy en día son:**

   a. Cintas adhesivas.
   b. Adhesivos plásticos.
   c. **Adhesivos estructurales.**
   d. Pegamentos plásticos.

3. **Al tiempo que necesita la reacción del adhesivo para producir una correcta unión de las piezas se le denomina...**

   a. ... tiempo de reacción.
   b. ... periodo de secado.
   c. **... tiempo de curado.**
   d. ... periodo de espera.

4. **Para la unión de láminas metálicas, pegado de plásticos rígidos y reparación de construcciones se necesita un adhesivo capaz de realizar una unión tenaz, de alta resistencia a los desprendimientos, humedad y altas temperaturas, como...**

   a. ... el adhesivo cianoacrilato.
   b. **... el adhesivo epóxico.**
   c. ... el adhesivo acrílico.
   d. ... el adhesivo anaeróbico.

5. **Indique al menos tres métodos de aplicación de los adhesivos:**

   ▌ Con brocha.
   ▌ Por flujo.
   ▌ Por rodillos manuales.

▌ Serigrafía.
▌ Aspersión.
▌ Automática.

6. La soldadura MIG/MAG consiste en...

a. ... un gas cargado de electrones que produce la unión de las piezas.

b. ... generar un arco voltaico entre la pieza a soldar y un alambre o electrodo.

c. ... aplicar una gran presión entre los electrodos y una pequeña corriente eléctrica que produce la unión de las piezas.

7. Las uniones prensadas producen fijaciones...

a. ... sólidas y seguras frente a vibraciones.

b. ... de gran resistencia al calor.

c. elásticas que permiten asegurar piezas con holguras, por lo que se suelen utilizar en piezas giratorias como cojinetes en ejes, rotores de turbinas, etc.

8. La operación de montaje de conjuntos que consiste en unir dos piezas mediante un cilindro de metal, para posteriormente ser roblonado, se la conoce como...

a. ... presado.

b. ... remachado.

c. ... soldadura por puntos o presión.

d. ... soldadura por arco.

9. ¿Qué tipo de unión muestra la siguiente imagen?

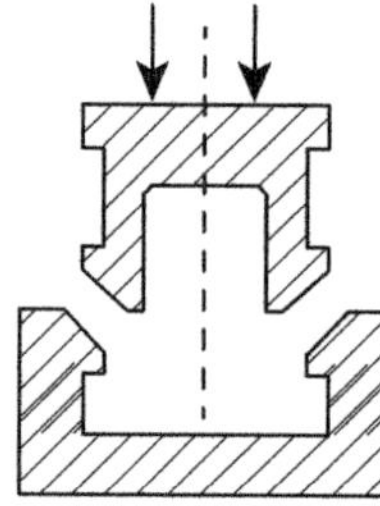
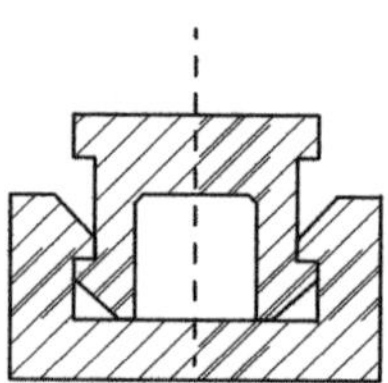

a. Unión de ajuste.
b. Unión por anclaje.
c. Unión por apriete.
d. Unión por rebasado y rebaje.

10. En la soldadura MIG/MAG,...

a. **... la soldadura se protege con gas para que no se produzca la oxidación del material de aportación.**
b. ... no se emplea ningún tipo de gas.
c. ... se emplea gas oxiacetilónico para el refuerzo de la unión, además de proporcionarle la aportación de material necesaria para su máxima resistencia.

Solucionario Capítulo 3

1. ¿Cuáles de los documentos que se detallan a continuación permiten plasmar la información necesaria o parte de ella para realizar, de forma correcta, las tareas de fabricación, elaboración y montaje de un conjunto o estructura?

    a. Ficha de Operaciones.
    b. Hoja de Ruta.
    c. Hoja de Proceso.
    d. Todas las opciones son correctas.

2. Una Hoja de Proceso es un documento que el operario usa única y exclusivamente para el montaje de un conjunto o estructura, sin poder realizar ningún tipo de observación o anotación en ella.

    a. Verdadero: es un documento previamente elaborado, al cual debe ceñirse el operario sin poder efectuar anotación alguna.
    b. Falso: es un documento flexible que permite al operario extraer la información necesaria de cierta operación y en el que puede incluir las anotaciones que en su caso considere convenientes.

3. Uno de los usos más comunes de la hoja de proceso es:

    a. Servir de guía a los técnicos desarrolladores de un producto.
    b. El empleo de la misma para la elaboración y ensamblaje de una estructura o conjunto.
    c. Permitir realizar cuantas anotaciones sean necesarias durante el proceso de elaboración de un producto incluyendo los procesos de montaje o ensamblado.
    d. Todas las opciones son correctas.

4. Una cercha es:

    a. Una agrupación de perfiles metálicos de forma ordenada.
    b. Un subconjunto metálico de una estructura, que permite salvaguardar distancias mayores que los dinteles.

    c. Una estructura de varios perfiles, correctamente dispuestos para soportar todo tipo de cargas, su colocación puede ser vertical u horizontal.

    d. Las opciones b y c son correctas.

5. A la viga que soporta una grúa y sirve como trazado para su desplazamiento se le denomina...

    a. **... viga carril.**

    b. ... viga de apoyo.

    c. ... viga resistente.

    d. ... viga grúa.

6. ¿Por qué es importante mantener un orden en el montaje de los elementos de una estructura?

    a. Permite reducir tiempo y costes en su construcción.

    b. Facilita la identificación de errores.

    c. Permite establecer pautas de construcción segura.

    d. Agiliza las tareas constructivas.

    e. **Todas las opciones son correctas.**

7. Los trabajos realizados en altura resultan ser:

    a. Trabajos sencillos y poco peligrosos.

    b. Trabajos que requieren una formación especial.

    c. Trabajos que exigen al operario una condición física y concentración adecuada.

    d. **Las opciones b y c son correctas.**

8. Las operaciones más comunes en el montaje de estructuras metálicas son el descargado de material,...

    a. ... el cargado de material, izado de elementos y ensamblaje de la estructura.

    b. ... la construcción de la estructura, ensamblaje de la estructura y fijación de la estructura.

    c. **... el ensamblaje de la estructura, colocación de las piezas y alzado y desplazamiento del material.**

    d. ... el cargado del material, construcción de la estructura, comprobación de la estructura.

9. **Nombre tres posibles riesgos derivados de las tareas de colocación de piezas en altura.**

- Caída desde altura.
- Desprendimiento de material.
- Condiciones climatológicas adversas.

10. **Una de las medidas para reducir la peligrosidad de los trabajos en altura son:**

    a. **El empleo de líneas de vida.**

    b. Colocar una colchoneta bajo la zona de trabajo.

    c. Sujetar a las personas mediante grúas de carga.

    d. Todas las opciones son correctas.

Solucionario Capítulo 4

1. Almacenar es:

    a. Realizar un traslado ordenado y sistemático de la mercancía.
    b. Colocar debidamente la mercancía en un almacén, para su uso inmediato.
    c. Realizar el agrupamiento de la mercancía para guardarla o depositarla en un lugar determinado por un periodo de tiempo establecido.
    d. Distribuir de forma correcta y segura materiales en estanterías.

2. ¿Cuál es una de las principales causas de errores en las tareas de almacenaje y transporte de mercancías, que además aumenta el número de accidentes?

    a. Un mal control de los procesos.
    b. Una mala planificación.
    c. Una mala información del personal trabajador.
    d. Todas las opciones son correctas.

3. Nombre algunas diferencias entre el transporte por carretera y el transporte por raíl.

- El transporte por carretera es más flexible y puede llegar a casi cualquier parte.
- Es un medio un poco más lento pero en partidas menos voluminosas resulta más económico.
- En ocasiones el tren necesita un medio de transporte para su carga y descarga.
- El transporte por carretera es un medio idóneo para medias y cortas distancias.
- El transporte por raíl no se ve tan afectado por la subida de los carburantes.
- La climatología influye menos en el tren que en el transporte por carretera.
- En el transporte por raíl no hay atascos ni suele haber retrasos.

4. ¿Por qué es importante afianzar la mercancía cuando va a ser transportada?

Si la mercancía se encuentra suelta durante el proceso de transporte, pueden producirse desplazamientos de la misma que comprometan la estabilidad del dispositivo de transporte, haciéndolo volcar. También puede resultar arrojada o lanzada de forma accidental si se producen movimientos bruscos durante su transporte.

5. **¿Cuál de los siguientes dispositivos emplearía para el desplazamiento vertical de productos a granel?**

   a. Grúas con polipastos.
   b. Transportadores a cinta.
   c. Transpalets.
   d. **Elevadores de Cangilones.**

6. **Nombre algunas partes o elementos de los que se componen una cinta transportadora.**

   | Banda o cinta.
   | Tambor principal.
   | Tambor o tambores secundarios.
   | Tambores tensores.
   | Rodillos
   | Bastidor.
   | Elementos de carga y descarga.
   | Sistemas de centrado de bandas.
   | Freno antirretroceso.

7. **Nombre cuatro tipos de carretillas elevadoras que conozca.**

   | Carretilla tractora.
   | Carretilla elevadora.
   | Carretilla portadora.
   | Carretilla para paletas (transpaletas).
   | Empujador.
   | Carretilla apiladora.
   | Carretilla todo terreno.

8. **Enumere ocho tareas que pueden realizarse con una carretilla elevadora.**

   | Elevación de la carga.
   | Desplazamiento de la carga.
   | Sustentación de carga.
   | Retirada de la carga.
   | Tareas de apilamiento y empuje.
   | Apilado de la carga.

- Colocación adecuada de la mercancía en estantes.
- Remolque de la mercancía.
- Vertido de la carga.
- Basculación.
- Rotación.
- Desplazamiento lateral de la carga.
- Descenso de la carga.

9. ¿Cuál es la diferencia entre el lastre y el contrapeso empleados en una grúa?

El lastre es una masa situada en la base de la grúa cuya función es proporcionar estabilidad a la grúa a través de su peso, mientras que el contrapeso es una masa situada en el lado opuesto a la pluma cuya función es equilibrar el peso de la carga elevada por la pluma.

10. ¿Por qué es importante gestionar adecuadamente los embalajes en la industria?

Porque muchos de los materiales de embalar generados en la industria son nocivos para el medioambiente. Además, tardan mucho tiempo en degradarse y afectan directa o indirectamente al hombre a través de las plantas, los animales o el agua que consumimos.

Operaciones de verificación y control de productos mecánicos

 Solucionario Capítulo 1

1. ¿Cuál de los siguientes instrumentos de medida se utiliza para la medición directa?

    a. Una regla.
    b. Un calibre o pie de rey.
    c. Un micrómetro.
    d. Todas las opciones son correctas.

2. ¿Qué tipos de medidas se pueden realizar con un calibre o pie de rey?

    a. Medidas exteriores e interiores.
    b. Medidas interiores y de profundidad.
    c. Medidas exteriores, interiores y de profundidad.
    d. Medidas exteriores y de profundidad.

3. Señale la respuesta correcta. Un nonio con 20 divisiones...

    a. ... no existe.
    b. ... es más exacto que uno con diez divisiones.
    c. ... solo representa la medición en pulgadas.
    d. ... solo representa la medición en milímetros.

4. ¿Qué es el yunque de un micrómetro?

    a. Es la base sobre la que hay que apoyar la pieza a medir.
    b. Es la base donde se aloja la perilla del trinquete.
    c. Es la base donde hay que golpear para realizar la medición.
    d. Es la zona donde se encuentra la escala graduada.

5. ¿Qué es un goniómetro?

    a. Es un metro de gran tamaño.
    b. Es un instrumento de medida indirecta.
    c. Es un instrumento de medida angular que oscila entre 0° y 360°.
    d. Es un instrumento de medida angular que oscila entre 0° y 180°.

6. **Con respecto a la esfera graduada de un reloj comparador, ¿qué afirmación es correcta?**

   a. Se divide en 100 partes.
   b. Se divide en 10 partes.
   c. Cada división representa una décima.
   d. Cada división representa un milímetro.

7. **¿Qué es un palpador?**

   a. Es un equipo que se emplea para calibrar el reloj comparador.
   b. Es un accesorio que se emplea para realizar medidas en los relojes comparadores.
   c. Es un equipo que se emplea como base al mármol de ajustador.
   d. Consiste en una esfera calibrada que representa la décima parte de la medición.

8. **Para medir el paso de rosca de un tornillo o una tuerca...**

   a. ... se utilizará el calibre de exteriores para el tornillo y el de interiores para las tuercas.
   b. ... se utilizará el peine de rosca.
   c. ... se utilizará el calibre pasa/no pasa.
   d. ... se utilizarán las galgas de espesores para medir la distancia entre los filos de las roscas.

9. **¿Para qué se utiliza un mármol de ajustador?**

   a. Para ajustar holguras entre las uniones de dos o más piezas
   b. Para ajustar los alexómetros.
   c. Para verificar superficies planas.
   d. Para verificar superficies con el goniómetro.

10. **¿Para qué sirve un bloque patrón?**

    a. Sirve como ayuda para realizar medidas con los alexómetros.
    b. Sirve para realizar medidas con los relojes comparadores.
    c. Para la calibración de instrumentos de medida.
    d. Sirve para diferenciar los calibres pasa/no pasa.

 **Solucionario Capítulo 2**

1. ¿Qué son las magnitudes físicas?

    a. Son las propiedades que poseen los elementos.
    b. Son las propiedades que poseen los elementos en comparación con otros.
    c. Son las unidades de medida de un elemento.
    d. Son las características dimensionales de un elemento.

2. ¿Qué es una medición indirecta?

    a. La realizada directamente sobre la pieza.
    b. La realizada con un instrumento alternativo para realizar una comparación.
    c. La que se realiza sin instrumentos de medición, es decir, por aproximación.
    d. Son las resultantes al pasar de escala, es decir, de centímetros a milímetros.

3. ¿Qué es un alexómetro?

    a. Es un instrumento de medición mayor que el metro.
    b. Es un instrumento de medición menor que el metro.
    c. Un instrumento de comprobación de superficies interiores cilíndricas.
    d. Es un instrumento de comprobación de par de apriete.

4. ¿Con qué parte del calibre se realizará una medición de interiores?

    a. Con las bocas de medición.
    b. Con la varilla de profundidad.
    c. Con el nonio.
    d. Con las orejetas.

5. ¿Cuál es el primer paso a seguir para realizar una medición con un micrómetro?

    a. Bloquear el tambor de medición.
    b. Comprobar la puesta a 0.
    c. Apretar el husillo actuando sobre el trinquete.
    d. Desenroscar el husillo.

6. Se llama goniómetro a...

    a. ... un aparato de comprobación de ángulos.
    b. ... un aparato de medición muy preciso de hasta centésimas de milímetro.
    c. ... un aparato de medición de grandes tamaños (de más de 10 m).
    d. ... un palpador que se utiliza de ayuda junto con los micrómetros.

7. Realmente el valor de una magnitud es:

    a. La obtenida con los instrumentos de medición.
    b. La obtenida con instrumentos de medición de gran precisión, es decir, los que contemplan décimas de milímetro.
    c. El valor más probable de la medición teniendo en cuenta la incertidumbre de la medida.
    d. La realizada de forma comparativa, siempre que el elemento de medición esté calibrado.

8. Las causas de la incertidumbre pueden ser debidas a:

    a. El instrumento de medida
    b. El procedimiento de la medición.
    c. Las condiciones ambientales.
    d. Todas las opciones son correctas.

9. Las perforaciones en el material por soldaduras pueden ser debido a:

    a. Una velocidad lenta de soldadura.
    b. Baja intensidad de soldadura.
    c. Un electrodo demasiado pequeño.
    d. Falta de limpieza.

10. ¿Quiénes son los responsables en una empresa en lo que se refiere al sistema de calidad?

    a. El gerente.
    b. El trabajador.
    c. El coordinador de calidad.
    d. Todos los miembros de la empresa.